C语言程序设计情景式教程

主　编　刘永志　饶绪黎

副主编　李　妹　王　琨

　　　　林　峰　吴明珲

北京理工大学出版社
BEIJING INSTITUTE OF TECHNOLOGY PRESS

内 容 简 介

本书采用情景式的编写模式，以三类五个角色之间的对话贯穿全书，营造出沉浸式的学习氛围。全书共 11 个章节，分别为 C 语言概述、标识符与数据类型、运算符与数学函数、分支结构、循环结构、函数、数组与字符串、指针、结构体、文件操作、学生信息管理系统。本书内容丰富、实用，涵盖了 C 语言的基础知识。每章均配有习题，以达到同步训练并巩固知识的目的。

本书适合作为 C 语言程序设计课程的教材，也可供 C 语言爱好者阅读参考。

图书在版编目（C I P）数据

C 语言程序设计情景式教程 / 刘永志，饶绪黎主编
. -- 北京：北京理工大学出版社，2022.8
ISBN 978-7-5763-1587-5

Ⅰ. ①C… Ⅱ. ①刘… ②饶… Ⅲ. ①C 语言 – 程序设计 – 高等学校 – 教材 Ⅳ. ①TP312.8

中国版本图书馆 CIP 数据核字（2022）第 139837 号

出版发行 / 北京理工大学出版社有限责任公司	
社　　址 / 北京市海淀区中关村南大街 5 号	
邮　　编 / 100081	
电　　话 / （010）68914775（总编室）	
（010）82562903（教材售后服务热线）	
（010）68944723（其他图书服务热线）	
网　　址 / http://www.bitpress.com.cn	
经　　销 / 全国各地新华书店	
印　　刷 / 北京广达印刷有限公司	
开　　本 / 787 毫米 × 1092 毫米　1/16	
印　　张 / 13	责任编辑 / 王玲玲
字　　数 / 288 千字	文案编辑 / 王玲玲
版　　次 / 2022 年 8 月第 1 版　2022 年 8 月第 1 次印刷	责任校对 / 刘亚男
定　　价 / 65.00 元	责任印制 / 施胜娟

图书出现印装质量问题，请拨打售后服务热线，本社负责调换

前言

C 语言有什么特点？为什么要学习 C 语言？这是很多初学者的疑问。这里略谈几点，让同学们打消疑虑。第一，C 语言执行效率高，仅次于汇编语言；第二，它是操作系统的主要开发语言，不管是 Windows 还是 Linux；第三，它是嵌入式开发设计必备语言，如身边的冰箱、洗衣机及交互式设备内部控制程序的开发；第四，它是进一步深造学习必考语言，也是很多公司的面试语言；第五，它能很好地提高程序思维能力和创造力。C 语言不仅是计算机类专业必修课程，还是其他专业理工科的必修内容。

本书将情景式教学运用到 C 语言学习中，与 C 语言知识有机地结合在一起，内容体系完整，注重"易学"性，实例丰富。本书深入浅出地介绍了 C 语言的基本理论和基本方法，以情景式带领读者步入 C 语言的殿堂，并且图文并茂，步骤明确。通过阅读本书，读者能够掌握 C 语言的基础知识，并锻炼程序设计思维能力。

本书内容及学时分配建议如下。

内　　容	学　　时
C 语言概述	4
标识符与数据类型	6
运算符与数学函数	8
分支结构	6
循环结构	8
函数	4
数组与字符串	6
指针	6
结构体	6
文件操作	4
学生信息管理系统	6
总计	64

本书具有以下几个特点。

（1）突出"情景化教学"。本书共有11章，通过每章开头的情景对话了解本章知识，在师生情景对话中掌握知识，在工程师与学生情景对话中巩固知识和提高技能，从而通过一系列的情景设计达到学习目的。

（2）突出"易学"性。本课程一般在大一第一学期开设，学生面临从中学到大学学习方式的转变，由于课程多样，课时分配少，需要培养学生自主学习能力。为了解决此问题，我们强调在教材编写过程中体现"易学"性，通过身边案例让学生学起来轻松。

（3）突出"程序设计思维教学"。不管是计算机类学生，还是选学该课程的其他专业学生，以后都有可能从事程序设计工作，一个案例或一本书是解决不了学生以后遇到的各类问题的，唯有培养学生的程序设计思维能力，才能真正提高其利用程序设计解决问题的能力，我们在例题选取和编写过程中力求突出程序设计思维能力的锻炼。

本书由刘永志、饶绪黎任主编，李妹、王琨、林峰和吴明珲任副主编。具体编写分工如下：第一～四章由刘永志负责编写；第五章由饶绪黎和刘永志负责编写，第六、七章由李妹负责编写；第八、九章由王琨负责编写；第十、十一章由林峰负责编写。新大陆创新发展中心吴明珲工程师全程参与设计指导。

本书在编写过程中参考了大量的文献资料，在此一并向这些文献的作者表示感谢。由于作者水平有限，书中难免存在不足之处，恳请广大读者批评指正。

编　者

目录

第一章

C语言概述

小习:羽同学,你好!

小羽:习同学,你好!

小习:我们大学第一学期开设的程序设计语言是 C 语言,你有了解吗? 听说不好学。

小羽:听学长讲,这是我们学院都开设的基础课,不知道有什么用处。

小习:嗯,还是很迷惑,希望老师能解答我们的疑惑。

任何一门流行的程序设计语言都有各自的特点,C 语言自从 1972 年问世以来,一直受到程序设计人员的青睐,是程序设计人员必须掌握的一门编程语言。

1.1 C 语言简介

提起 C 语言,不得不提起一个重量级人物——丹尼斯·里奇,他年轻的时候入职贝尔实验室,从事开发 UNIX 系统工作,当时的 UNIX 是用汇编语言写的试用版本,当 UNIX 运行在不同型号的机器上时,就需要针对每个型号的机器重写操作系统,移植性非常差,这显然是一个不可能完成的任务。为了提高通用性和开发效率,丹尼斯·里奇在 B 语言(Basic Combined Programming Language,BCPL)的基础上,在 1972 年设计出了一种新的语言——C 语言(取 BCPL 的第二个字母)。紧接着,丹尼斯·里奇就用 C 语言改写了 UNIX 上的 C 语言编译器,他的同事汤姆森则使用 C 语言重写了 UNIX,使它成为一种通用性强、移植简单的操作系统,从此开创了计算机编程史上的新篇章,C 语言也成为操作系统专用语言。

为了利于 C 语言的全面推广和使用,许多专家学者和硬件厂商联合组成了 C 语言标准委员会,并在之后的 1989 年,第一个完备的 C 标准诞生了,简称"C89 或 C90",也就是"ANSI C",截至 2020 年,最新的 C 语言标准为 2018 年 6 月发布的"C18"。

C 语言主要特点如下:

(1)语言简洁。

C 语言包含的控制语句仅有 9 种,关键字也只有 32 个。

(2)具有结构化的控制语句。

C 语言是一种结构化的语言,提供的控制语句具有结构化特征,如 for 语句、if…else 语句和 switch 语句等。可以用于实现函数的逻辑控制,方便面向过程的程序设计。

(3)数据类型丰富。

C 语言包含的数据类型广泛,不仅包含传统的字符型、整型、浮点型、数组类型等数据类型,还具有其他编程语言所不具备的数据类型,其中以指针类型数据使用最为灵活,可以通过编程对各种数据结构进行计算。

(4)运算符丰富。

C 语言包含 34 个运算符,它将赋值、括号等均视作运算符来操作,使 C 语言的表达式类型和运算符类型均非常丰富。

(5)可对物理地址进行直接操作。

C 语言允许对硬件内存地址进行直接读写,从而可以实现汇编语言的主要功能,并可以直接操作硬件。C 语言不但具备高级语言所具有的良好特性,而且包含了许多低级语言的优势,故在系统软件编程领域有着广泛的应用。

(6)代码具有较好的可移植性。

C 语言是面向过程的编程语言,在用 C 语言实现相同功能时,代码基本一致,不需或仅需进行少量改动便可完成移植。这就意味着,对于一台计算机编写的 C 程序,可以在另一台计算机上轻松地运行,从而极大地降低了程序移植的工作强度。

(7)可生成高质量、目标代码执行效率高的程序。

与其他高级语言相比,C 语言可以生成高质量和高效率的目标代码,故通常应用于对代码质量和执行效率要求较高的嵌入式系统程序的编写。

1.2 编程语言排行榜

目前,程序员众多,根据各自的喜好、语言特点和应用场景,使用的程序设计语言五花八门,但是根据全球知名 TIOBE 编程语言社区排行榜(https://www.tiobe.com/tiobe-index/),入选前十的编程语言都是很流行的开发设计语言。图 1.1 所示是 2022 年 3 月的编程语言排行榜,图 1.2 所示是编程语言近年使用率趋势图。

Mar 2022	Mar 2021	Change	Programming Language	Ratings	Change
1	3	^	Python	14.26%	+3.95%
2	1	v	C	13.06%	-2.27%
3	2	v	Java	11.19%	+0.74%
4	4		C++	8.66%	+2.14%
5	5		C#	5.92%	+0.95%
6	6		Visual Basic	5.77%	+0.91%
7	7		JavaScript	2.09%	-0.03%
8	8		PHP	1.92%	-0.15%
9	9		Assembly language	1.90%	-0.07%
10	10		SQL	1.85%	-0.02%

图 1.1 编程语言排行榜

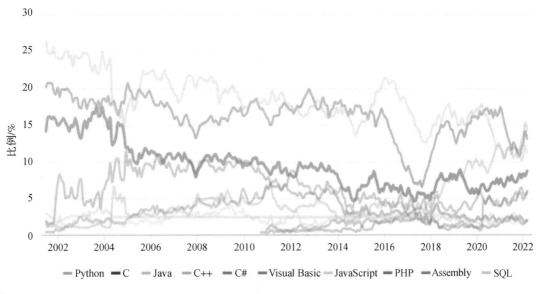

图1.2　编程语言使用率趋势

从图例中可以看出,在近20年内,C语言一直在编程语言排行榜前几名的位置,这也体现了C语言经久不衰,是我们从事程序设计的人员必须学习的语言。

1.3　C语言与其他主流编程语言

选择Java、Python和C++三个流行的编程语言与C语言进行对比分析,对编程语言的选择和应用有初步认识。

1.3.1　C语言与Java

Java语言吸收了C语言和其他语言的优点,并增加了其他特性,如支持并发程序设计、网络通信和多媒体数据控制等,Java语言具有明显的面向对象特征。与C语言相比,Java语言兼具功能强大和简易方便的特点,是计算机编程实践中应用范围最为广泛的语言之一。可以用来开发Android应用、视频游戏开发、Web开发等。它的缺点是:占用内存高于C语言、学习曲线不是很友好、应用启动时间较长等。尽管如此,依然无法阻挡Java前进的脚步,Java工程师的需求量也供不应求。

1.3.2　C语言与Python

近年来,随着人工智能和大数据的应用,Python的热度不断增长,在编程榜单中与C语言不相上下,它学习起来相对简单,上手难度低,拥有很广泛的工具及功能库,可以在大数据、人工智能中发挥重要作用。运算速度快是Python的一个特点,因为Python的底层是用C语言写的,很多标准库和第三方库也都是用C语言写的,所以Python离不开C语言。

1.3.3　C 语言与 C++

　　C++ 是一种高级程序设计语言,由 C 语言扩展升级而产生,最早于 1979 年由本贾尼·斯特劳斯特卢普在 AT&T 贝尔工作室研发。C++ 既可以进行 C 语言的过程化程序设计,又可以进行以抽象数据类型为特点的基于对象的程序设计,还可以进行以继承和多态为特点的面向对象的程序设计。C++ 擅长面向对象程序设计的同时,还可以进行基于过程的程序设计。C++ 拥有计算机运行的实用性特征,同时还致力于提高大规模程序的编程质量与程序设计语言的问题描述能力。C++ 与 C 语言完全兼容,C 语言的绝大部分内容可以直接用于 C++ 的程序设计,用 C 语言编写的程序可以不加修改地用于 C++。

1.4　C 语言编程工具

　　学习一门语言,开发工具少不了,好的工具能大大提高编程效率和方便调试,Windows 下的 C 语言编译器众多,有的功能强大,但是安装和使用都比较复杂,有的小巧灵活,但是功能较弱。本书使用 C - Free 作为编程工具,C - Free 是一款国产的 Windows 下的 C/C++ IDE,最新版本是 5.0,软件大小为 14 MB,非常轻巧,安装简单。地址为 http://www.programarts.com/cfree_ch/download.htm。下载之后,按照提示一步一步安装即可,在安装时,注意目录里不要有空格,默认 C - Free 5 之间有空格,去掉即可。双击打开 C - Free,弹出如图 1.3 所示对话框,这个对话框是可选择对话框,如果不想显示,可以勾选"下次不再显示此对话框",也可从这个对话框快速创建程序,如单击"新建空白文件"或"打开文件"打开已保存的程序。这里单击"关闭"按钮,显示主窗口,如图 1.4 所示。最常用的菜单是"文件"和"构建"。

图 1.3　C - Free 开始对话框

图 1.4　C – Free 工作主窗口

1.5　第一个 C 语言

创建程序的步骤为：

①单击"文件"菜单，再单击"新建"或者按快捷键 Ctrl + N 新建文件。

②在中央空白区域单击右键，选择"插入代码模板…"，选择"C template"，如图 1.5 所示。

图 1.5　快捷菜单

③输入 printf("hello C 语言")。

④单击菜单栏"构建",选择"运行"或直接单击工具栏 ▶ 或按快捷键 F5,可以编译运行。

⑤查看运行结果,如图 1.6 所示。

图 1.6　运行结果

⑥保存源程序,保存类型默认后缀是 .cpp,可以选择 *.c 保存,也可以不改。cpp 是 C++的后缀名,C++兼容 C 语言,如图 1.7 所示。

图 1.7　源程序保存对话框

```
1.  #include <stdio.h>
2.  int main(int argc, char *argv[])
3.  {
4.  printf("Hello C 语言 \n"); //输出语句
5.  return 0;
6.  }
```

小习和小羽互相看了一下,输出一行,感觉很复杂,心里很忐忑。

严老师:这是我们写的第一个 C 语言程序,看上去很复杂,但是我们只写了第 4 行代码,是不是感觉又很简单? 其余的都是我们在步骤②中自动生成的,可以认为是模板或框架,我们暂时不去管它们,后续会逐渐学习到的。

小习和小羽不由自主地点了点头，感觉轻松多了。

严老师：我们这一节重点理解第4行，printf( )是输出函数，负责把引号里的内容输出，注意引号是英文状态下的，切记不要输错，语句结束不要忘记输入分号，也是英文状态下输入的，另外，在引号里面还有一个\n，代表什么呢？我们看看去掉的结果，如图1.8所示。请对比图1.6，有什么不同？

图1.8 程序运行界面

小习："按任意键继续…"，一个在Hello C语言下面，一个在同一行，是不是加了"\n"就会跳到下一行？

严老师：小习同学观察得很仔细，"\n"代表换行，相当于替我们敲了Enter键，以后我们还会看到\后面有别的字母或符号，要多加注意。

小羽：第4行还有"//输出语句"，什么意思？也没看到输出对应结果。

严老师："//"是代表单行注释，不会执行，就是对这行语句标注其含义，方便我们理解。注释很有用处，还有"/ * … * /"代表多行注释，也不参与运行。

焦工：同学们，在编译运行时，有没有注意到一个警告，"〔Warning〕warning：no new line at end of file"，提示的意思是在文件尾没有空行，解决的方法是在文件尾部按回车键就可以了，这是为了避免包含文件时，展开后与后面的文件连为一行，造成错误。

程工：在工程中，经常用点阵的形式显示图形，如交通灯的箭头、灯光秀中各种造型等，下面是交通灯的箭头示例，运行结果如图1.9所示，请同学们参考如下代码，写出心形的代码。

```
1.  #include <stdio.h>
2.  int main(int argc, char *argv[])
3.  {
4.  printf("    **  \n");
5.  printf("   * ** * \n");
6.  printf(" *   **   * \n");
7.  printf("     **   \n");
8.  printf("     **   \n");
9.  printf("     **   \n");
10. return 0;
11. }
```

图1.9 箭头运行界面

1.6　学习C语言建议

1.6.1　为什么学C语言

C语言不仅是计算机类专业必修课程,而且是其他专业理工科的必修内容,那么为什么要学C语言呢?这里略谈几点,供同学们参考。一是C语言执行效率高,仅次于汇编语言;二是它是操作系统的主要开发语言,不管是Windows或Linux;三是它是嵌入式开发设计必备语言,如身边的冰箱、洗衣机及交互式设备内部控制程序的开发;四是它是进一步深造学习必考语言,也是很多公司的面试语言;五是它能很好地提高程序思维能力和创造力。

1.6.2　学习建议

(1)兴趣是最好的老师,选择计算机类的专业,就意味着要学习编程,编程一直贯穿大学始终,也是以后工作谋生的必备技能,所以,与其被动学习,不如培养兴趣主动学习。本书的编排和案例也力求围绕培养学生的学习兴趣为目标之一,通过循序渐进地学习书中案例,让同学们在学习中既培养兴趣,也提高编程技能,兴趣有了,学习就不再枯燥。

(2)阅读代码是编程的开始,通过阅读优秀的代码,可以学习借鉴代码结构、编程规则及领会编程思维。在阅读时,要对核心部分进行细读注释,以融入自己的编程中。

(3)寻找良师益友。编程是一个孤独而又协作的创作过程,一定要有一个团队,哪怕两三个人,可以相互讨论和起到相互促进的作用。在遇到困难时,有良师指点,少走弯路。

(4)动手。编程是一个技术要求很高的脑力活动,动手编程能促进对程序更深层次的准确理解,遇到各式各样的问题,通过解决相关问题,提高编程水平。

(5)体育锻炼。都听说过"码农""程序猿"等,这是对从事编程人员的一个戏称。还听说过程序员病,如用眼过度、视力下降、颈椎、腰椎病等,每一个行业都不容易,要懂得劳逸结合,才能行得更远。

1.7　总结

本章主要让同学们了解C语言的基本情况,对C语言的生命力和应用有初步认识,了解C语言与其他语言的关系,重点掌握C语言的输出函数的基本格式,理解注释的用途,掌握两种注释方式。

习题

1. 下载并安装C-Free软件。
2. 到网上搜索C语言工作岗位,了解C语言具体的语言场景。
3. 程序为什么要注释?注释的两种形式是什么?

4. 输出你所在的学校和所学专业。

5. 用如图 1.10 所示的点阵显示向右箭头→。

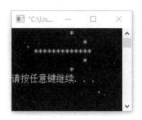

图 1.10　向右箭头

6. 用点阵显示输出心形。

第二章

标识符与数据类型

小习：我们前面学习的内容还挺有意思的，还能用 C 语言输出各种形状。

小羽：是的，我在网上搜索了相关 C 语言资料，也了解 C 语言是一个很古老但又有生命力的语言，用处很广，我把课后习题都做完了，对 printf( ) 函数有了很好的理解，我想输出有函数，输入也肯定有对应的函数吧？不知道是什么，怎样用。

小习：不知道电脑怎样认识和表示整数、小数和字母。

小羽：是的，问题还是很多的，毕竟我们刚学习。

小习：嗯，是挺多的，期待老师的讲解。

在学习程序设计语言时，标识符是我们首先认识的一个概念，然后是变量和常量的概念，还有不同数据之间运算是怎样转换的，都是初学者需要理解并掌握的。

2.1 标识符的概念

C 语言规定，标识符只能由字母（大写或小写）、数字（0 ~ 9）和下划线（_）组成，并且开头必须是字母或下划线，不能是数字，也不能与关键字重复。只有符合这个规定，C 语言才能识别，否则会提示有误。这就像我们的姓名，开头是姓，后面才是名，要遵循一定的规则。后面讲到变量名、函数名、数组名等，它们都符合标识符的规定。

请看下面哪些是合法的标识符，哪些是非法的标识符：

Xyz, xyz, xy_z, x12x, 12xy, x@y, _xyz, if, _12, for, – xyz

小习：按照标识符定义，Xyz, xyz, xy_z, x12x, _xyz, if, _12, for 都是合法的标识符，不知是否准确？

严老师：小习同学的回答，按照标识符的定义没什么问题，但是 if 和 for 是 C 语言的关键字，也是不能归为合法的标识符的，并且区分大小写，Xyz 和 xyz 是不同的标识符。

小羽：我们怎么知道它是关键字呢？有多少？

严老师：C 语言的关键字一共有 32 个，见表 2.1，你们一时半会也记不住，这个不要紧，随着时间推移，你们会掌握的。如果碰到提示有误的标识符，可以加一些合法的标识符，使之符合标识符的规定。

表 2.1　C 语言的关键字

auto	break	case	char	const	continue	default	do
double	else	enum	extern	float	for	goto	if
int	long	register	return	short	signed	sizeof	static
struct	switch	typedef	union	unsigned	void	volatile	while

　　焦工:标识符是程序设计遇到的很重要的知识点,标识符不仅要符合规定,还要具备一定的可读性,让人见名知意,如我们定义一个标识符代表姓名,d 或 strName 哪一个更好? 我们认为 strName 更有可读性,不仅知道表示姓名,还知道它的数据类型。

　　程工:常用的标识符命名规范为驼峰命名法。驼峰命名法指的是使用大小写混合的格式,单词之间不使用空格隔开或者连接字符连接的命名方式。它有两种格式:小驼峰命名法和大驼峰命名法。

　　小驼峰命名法的第一个单词以小写字母开始,其他单词以大写字母开始,其余字母使用小写,如 strName,intAge。

　　大驼峰命名法的第一个单词以大写字母开始,其他单词以大写字母开始,其余字母使用小写,如 StrName,IntAge。

　　在老师上课时,因为按此规定,标识符比较长,一般没有遵循这样的命名方法,但是在以后工作中会遵循一定的规则。

2.2　常量和变量

2.2.1　常量

　　常量是在程序运行过程中值不会发生变化的量,在系统编译时就已经确定好的。常量使用关键字 const 来创建,并且在创建常量时必须设置它的初始值,以后不能再修改其值。比如设置班级人数最大值、π 的值等。

　　例如:

```
const  int PI =3.14;
```

2.2.2　变量

　　变量是在程序运行过程中会发生变化的量,指用来存储特定类型的数据,可以根据需要随时改变变量中所存储的数据值。变量具有变量名、数据类型和值,因此,使用变量之前,必须先声明变量,即先指定变量的数据类型和名称才可使用。变量名代表所在内存的地址,数据类型代表变量所占用的内存大小,没赋值的变量不能使用,因为内存的值不确定。

定义变量的格式为：

```
数据类型  变量名 = 值  或
数据类型  变量名;
变量名 = 值;
```

2.2.3 赋值运算

在上节我们看到了"=",在数学中称为"等于",而在程序设计中称为赋值运算符,赋值是指把数据放到内存的过程,如 a = 10,读为 10 的值赋予 a,而不能读为 a 等于 10。而如果有多次赋值,前面的值将被后面的值覆盖,只保留最后一个赋值结果,如:

```
a = 10;
a = 100;
a = 99;
```

如果输出 a 的值,就是 99,10 和 100 不复存在。

2.3 基本数据类型

在现实世界中,有视频、图形、文字和数字等各种类型,最后在计算机中都是以二进制的形式储存的。那么如何区分各种类型的数据呢？在程序设计中以数据类型来区分,C 语言的基本数据类型有整型(int)、浮点型(也称为实型,分为单精度 float 和双精度 double)和字符型(char)。具体如图 2.1 所示。

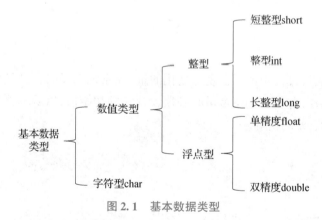

图 2.1 基本数据类型

C 语言也允许定义各种其他类型的变量,比如枚举、指针、数组、结构、共用体等,这将会在后续的章节中进行讲解,本章先讲解基本变量类型。

表 2.2 列出了在 32 位操作系统下常见编译器下的数据类型大小及表示的数据范围,这个表仅作为一个了解,我们主要知道什么情况下用什么类型即可,不要去记忆数据范围,记住关键字就可以了,要经常使用。

表 2.2　数据类型大小及表示的数据范围

类型名称(关键字)	字节	表示的数据范围
字符型(char)	1	$0 \sim 255$
整型(int)	4	$-2\,147\,483\,648 \sim 2\,147\,483\,647$
无符号整型(unsigned int)	4	$0 \sim 4\,294\,967\,295$
短整型(short)	2	$-32\,768 \sim 32\,767$
无符号短整型(unsigned short)	2	$0 \sim 65\,535$
长整型(long)	4	$-2\,147\,483\,648 \sim 2\,147\,483\,647$
无符号长整型(unsigned long)	4	$0 \sim 4\,294\,967\,295$
单精度浮点数(float)	4	$3.4 \times 10^{-38} \sim 3.4 \times 10^{38}$(7 位有效数字)
双精度浮点数(double)	8	$1.7 \times 10^{-308} \sim 1.7 \times 10^{308}$(15 位有效数字)

2.3.1　整型

整型可以分为整型(int)、短整型(short int 或 short)和长整型(long int 或 long),也可以加上 unsigned,表示无符号整型,输出时的格式符为%d。

例如:

```
1.  #include <stdio.h>
2.  int main(int argc, char *argv[])
3.  {
4.  int  a =120;
5.  int  b =110;
6.  int  c =119;
7.  printf("a =%d\n",a);
8.  printf("b =%d\n",b);
9.  printf("c =%d\n",c);
10. return 0;
11. }
```

运行输出如图 2.2 所示。

严老师:4,5,6 行代码也可以写为 int a = 120,b = 110,c = 119,切记不要写成 int a = b = c = 120;7,8,9 行代码也可写为 printf("a = %d\nb = %d\nc = %d\n",a,b,c);,输出结果一样。

小习:老师,能不能具体分析下,看着有点不明白。

严老师:printf( )引号里面有普通字符,如 a = ,也有格式符,

图 2.2　运行结果

如%d,还有转义字符\n,作用是普通字符原样输出,格式符将输出的数据转换为指定的数据类型的值输出,%d 是转为十进制输出,d 代表十进制 int 类型,也可以理解为在输出中占的位

置,转义字符\n 是换行,前面也讲过。

小羽:嗯,明白了。

严老师:可以把 int 替换为 short 或 long,同学们,请练习一下。

焦工:我们现在对整型变量 a 做一个"极限施压",看看有什么会发生,代码片段如下:

```
int a = 2147483647;
a = a + 1; //这是加法运算,后面会讲
printf("a = %d\n",a);
```

输出结果是 −2 147 483 648,而不是 2 147 483 648,这表示溢出,超出整数表示的范围,那么如何表示呢? 只能选择能表示更大数的数据类型。我们可以用 unsigned int,输出格式用%u,u 代表无符号十进制数,同学们可以试一试。

程工:我们一般不太考虑数据的范围,但是在工程中某些时候需要注意,同学们不要过多纠缠这些问题,以后用 int 基本就可以了,遇到情况,有思路就行。

常用的格式符,见表2.3,如果要想精确控制输出格式,可以上网搜索学习。

表 2.3 常用的格式符

格式字符	输出示例	意义
d	printf("%d",110);	以十进制输出带符号整数
u	printf("%u",120);	以十进制输出无符号整数
f	printf("%f",3.14);	以小数形式输出单、双精度实数
c	printf("%c",'x');	输出单个字符
s	printf("%s","fvti");	输出字符串

2.3.2 浮点型

浮点型包含单精度浮点型(关键字为 float)和双精度浮点型(关键字为 double),输出格式用"%f"浮点型表示常用的方式:

- 十进制形式:由整数和小数点组成,如3.14、0.314。小数点不能省略。
- 指数形式:用 xEx 或 xex 表示十的幂次方,E 之前必须有数字,后面必须是整数,不能是小数,如3E2 表示300.00,3.1E2 表示310.00。

2.3.3 字符型和字符串

字符是由单引号引起的字符,如'A'、'a'、'1'、'\n'等,单引号里面只有一个有效字符,关键字是 char,输出格式为"%c"。字符串是双引号引起的字符,如"A"、"ABC"等,输出格式为"%s"。C 语言没有对应的关键字,用字符数组来定义,后面要继续学习。

```
1.  #include <stdio.h>
2.  int main(int argc, char *argv[])
3.  {
4.  char a ='A';
5.  printf("%c\n",a);
6.  putchar(a);
7.  return 0;
8.  }
```

输出结果如图2.3所示。

严老师:字符输出可以用 printf( )函数,也可以用 putchar( )
函数,其用法参看例题第5,6行。

字符在 C 语言中可以与整数进行运算,例如大写 A 的 ASCII
码为65,对 A 进行加1运算,我们看看有什么结果。

图2.3 运行结果

```
1.  #include <stdio.h>
2.  int main(int argc, char *argv[])
3.  {
4.  char a ='A';
5.  a = a +1;
6.  printf("%c\n",a);
7.  return 0;
8.  }
```

输出结果如图2.4所示。

焦工:利用这个特性,可以对字符进行简单的加密,比如后移
一位,如 book 变为 cppl,代码片段为:printf("%c%c%c%c",'b'+
1,'o'+1,'o'+1,'k'+1);。可以通过 -1 还原,请同学们试一下。

程工:我们在输出字符时,把格式串%c 改为%d,同学们可以

图2.4 运行结果

看一看输出什么,如 printf("%d\n",'A');,我们发现是65,也就是 A 的 ASCII 码;我们再输出
printf("%d\n",'a');,结果为97,利用这个特性可以进行大小写转换,printf("大写 A 转小
写%c 小写 a 转大写%c",'A'+32,'a'-32);,同学们可以试一下。

转义字符:以"\"开头的字符有特殊含义,如我们前面用的"\n"代表换行。转义字符见
表2.4。

表2.4 转义字符

转义字符	功能	转义字符	功能
\a	响铃	\r	回车,将当前位置移到本行开头
\b	退格,将当前位置移到前一列	\t	水平制表
\f	换页,将当前位置移到下一页开头	\v	垂直制表
\n	换行,将当前位置移到下一行开头	\'	单引号

2.4 数据类型转化

不同类型间需要进行转换才能运算(运算将在第三章学习),在C语言中,有两种类型的转换:一是自动转换,二是强制转换。

2.4.1 自动转换

自动转换就是不需要人为干预,由系统自动转换完成。转换原则为由低级向高级转换,运算结果为高级别类型,具体为:(低级)字符型<整型<单精度浮点型<双精度浮点型(高级)。如12+12.1结果为24.1,而不是24。

2.4.2 强制转换

强制转换是把变量从一种类型转换为你想转换的另一种数据类型,一般是把高级的转换为低级,低级转高级系统可自动完成。例如,如果存储一个float类型的值到一个整型中,就需要把float类型强制转换为int类型。可以使用强制类型转换运算符来把值显式地从一种类型转换为另一种类型,格式为:

(数据类型)表达式;

```
1.  #include <stdio.h>
2.  int main(int argc, char *argv[])
3.  {
4.  float  a = 16.2;
5.  int b;
6.  b = (int)a;
7.  printf("a = %f, b = %d\n", a, b);
8.  return 0;
9.  }
```

运行结果如图2.5所示。

图 2.5　运行结果

严老师:第6行就是强制转换,小数部分丢弃,只保留整数部分。
小习:是不是用强制转换,什么类型之间都可以转换?我们也试试。

2.5 总结

本章主要讲解了标识符与数据类型,标识符是学习程序设计的开始,要理解和掌握标识符的构成,形成良好的命名习惯;重点掌握变量、常量和常用的简单数据类型,牢记数据类型的关键字,理解数据类型的自动转换和强制转换。

习题

1. 在以下各组标识符中,合法的标识符是哪一组? 对不正确的指出原因。

(1) A. B01   B. table_1   C. 0_t   D. k%

(2) A. Fast_   B. void   C. pbl   D. < book >

(3) A. xy_   B. long   C. * p   D. CHAR

(4) A. sj   B. Int   C. _xy   D. w_y23

2. 为什么 C 语言的字符型可以进行数值运算?

3. 简述 'a' 和 "a" 的区别。

4. 程序 int m = 10; m = 6; 中,为什么整型变量 m 的值在运算后不是当初的 10,而是 6?

5. 简述强制转换与自动转换的区别,并举例说明。

6. 简述常用的基本数据类型。

第三章

运算符与数学函数

小习：羽同学，我们学了数据类型、变量、常量，知道了怎样定义它们，但是计算两个数的加、减、乘、除你试过吗？

小羽：我现在正在输入 $5+2$、$5-2$、$5×2$ 和 $5÷2$，但是找不到 × 和 ÷。

小习：是的，我也想起来很多运算式，如 $x^2+2x+1=0$、$\sqrt{b^2-4ac}$、$\log_2 9$、$\sin 2\pi$ 等应该怎样表示？

小羽：还有不等式的表示，比如 $a≥5$、$5<a≤10$ 等。

小习：嗯，还是很多的，程序设计最初应用于科学计算，我想应该不难。走，我们上课去，期待老师的讲解。

在程序设计中，运算符是一种连接常量、变量的符号，与数学中的符号不尽相同，如果遇到比较复杂的数学式，还需要用 C 语言的数学函数来表示。

3.1 算术运算符

在程序设计中，可以按照是否在数学中找到对应的运算符，如有对应的运算符，就称为普通算术运算符，否则，称为特殊算术运算符。如用 +、－、* 和/来代替数学中的 +、－、× 和÷，称为普通算术运算符；% 求余运算符、++ 自增和 -- 自减运算符等，没有对应的运算符，也可以称为特殊算术运算符。具体对照表见表3.1。

表3.1 算数运算符对照表

类型	加	减	乘	除	求余	自增	自减
C 语言	+	－	*	/	%	++	－－
数学	+	－	×	÷	无	无	无

3.1.1 普通算术运算符

在程序编写时，只能用 C 语言认识的算术运算符，而不能直接套用数学中的运算符。

例题3.1：已知 $a=10$，$b=4$，$c=4.0$，求 $a+b$、$a-b$、$a×b$、$a÷b$、$a÷c$。

```
1.   #include <stdio.h>
2.   int main()
3.   {
4.   int a=10,b=4;
5.   float c=4.0;
6.   printf("%d+%d=%d\n",a,b,a+b);
7.   printf("%d-%d=%d\n",a,b,a-b);
8.   printf("%d×%d=%d\n",a,b,a*b);
9.   printf("%d÷%d=%d\n",a,b,a/b);
10.  printf("%d÷%f=%f\n",a,c,a/c);
11.  return 0;
12.  }
```

输出结果为：

```
10+4=14
10-4=6
10×4=40
10÷4=2
10÷4.000000=2.500000
```

严老师：第9行和第10行都是10除以4的商，为什么结果不一样？

小习：格式不一样，第9行是"%d÷%d=%d"，是整数与整数相除，输出结果也是整数格式，第10行是"%d÷%f=%f"，是整数与小数相除，输出结果也是小数格式。

小羽：第9行和第10行都是10除以4的商，但是一个是整数4，一个是小数4.0。

严老师：你们观察得都很仔细，做任何工作都要认真对待，学习程序设计也不例外，一点不同就导致结果不同。在C语言中规定：①当除数和被除数都是整数时，运算结果也是整数；如果不能整除，那么只保留整数部分，丢掉小数部分；②一旦除数和被除数中有一个是小数，那么运算结果也是小数；③当除数是0时，会终止运行。

焦工：数学运算式转化为程序表达式需要掌握的要领：①找到对应的程序运算符；②对应写出程序表达式，然后输入计算机，编译运行。

程工：输出以下运行结果：

①$15 \div 3$ ②$15 \div 3.0$ ③$(3+10) \times 2 \div 4$ ④$3-10 \times 2 \div 4$

3.1.2 求余运算

求余运算在程序设计中是一个非常有用的运算，比如判断一个数是否为偶数、一个数是否能被另一个数整除。

例题 3.2：

```
1.   #include <stdio.h>
2.   int main()
```

```
3.  {
4.  int a =10,b =3,c = -10,d = -3;
5.  printf("%d %% %d = %d \n",a,b,a%b);
6.  printf("%d %% %d = %d \n",c,b,c%b);
7.  printf("%d %% %d = %d \n",a,d,a%d);
8.  printf("%d %% %d = %d \n",a,e,a%e);
9.  return 0;
10. }
```

输出结果为：

```
10 % 3 =1
-10 % 3 = -1
10 %  -3 =1
10 % 5 =0
```

严老师：从运行结果可以看出什么呢？

小习：结果为0，为整除；结果不为0，不能整除。

小羽：%号左边为负数，余数为负数；%号右边为负，余数不变。是不是可以认为，余数的符号与%号左边保持一致。

严老师：你们总结得非常好。

焦工：判断是否整除，求余是最好的方法，很常用；另外，%是格式控制符的开头，不能直接输出；要想输出%，必须在它的前面再加一个%，这个时候%就变成了普通的字符，而不是用来表示格式控制符了。

3.1.3　自增和自减运算符

++称为自增或自加运算符，--称为自减运算符。自增 a++实际就是 a = a +1，a++更为简洁，在后续循环中经常用到。自增运算符还分为前置和后置，如 a++和++a，运算后的结果略有不同。

例题 3.3：

```
1.  #include <stdio.h>
2.  int main()
3.  {
4.  int a =10;
5.  printf("%d \n",a ++);
6.  printf("%d \n",a);
7.  return 0;
8.  }
```

输出结果：

10
11

例题 3.4：

```
1.  #include <stdio.h>
2.  int main()
3.  {
4.  int a =10;
5.  printf("%d\n", ++a);
6.  printf("%d\n",a);
7.  return 0;
8.  }
```

输出结果：

11
11

严老师：结果为什么不同？

小习：从两个例题可以看出，后置 a ++，是先输出，然后自加 1；前置 ++a，是先自加 1，然后输出。

焦工：自增和自减运算符只针对变量，对常量和常数不可行，如 5 ++ 是错误的。

程工：输出以下运行结果(a =5,b =6)：

①a ++ * b ++   ②++a * b ++   ③++a * ++b

3.2 关系运算符

关系运算符是表示变量或常量之间的大小关系，比如习同学 18 岁，羽同学 19 岁，习同学比羽同学小 1 岁。程序设计中的关系运算符与数学之间的对应关系见表 3.2。关系表达式的结果为 0 或 1，分别代表假或真。

表 3.2 关系运算符对应关系

类型	大于	小于	大于或等于	小于或等于	等于	不等于
C 语言	>	<	>=	<=	==	! =
数学	>	<	≥	≤	=	≠

例题 3.5：

```
1.  #include <stdio.h>
2.  int main()
```

```
3.   {
4.   int a =5,b =6;
5.   printf("%d,",a >b);
6.   printf("%d,",a >=b);
7.   printf("%d,",a <b);
8.   printf("%d,",a <=b);
9.   printf("%d,",a ==b);
10.  printf("%d,",a!=b);
11.  printf("%d",a =b);
12.  return 0;
13.  }
```

输出结果为：

```
0,0,1,1,0,1,6
```

严老师：在以后写关系表达式过程中，经常会发现"=="写为一个"="，这是不正确的，"="是赋值运算符，"=="是相等的关系运算符。

小习、小羽：记住老师的教诲了，"=="与"="不同，第11行是把b(6)的值赋给a，输出结果为6。

3.3 逻辑运算符

逻辑运算符是连接两个或以上关系表达式的符号，主要有与、或、非，见表3.3。

表3.3　逻辑运算符

运算符	含义	解释
&&	与	如果两个操作数都非零，则条件为真
||	或	如果两个操作数中有一个非零，则条件为真
!	非	如果条件为真，则逻辑非运算符将使其为假，反之亦然

例题3.6：有a =8，编写程序输出表达式6≤a≤10，!(a >10)，a <10或a >10的值。

```
1.   #include <stdio.h>
2.   int main()
3.   {
4.   int a =8;
5.   printf("%d,",a >=6 && a <=10);
6.   printf("%d,",!(a >10));
7.   printf("%d",a >10 || a <10);
8.   return 0;
9.   }
```

输出结果为：

1,1,1

严老师：为什么都输出 1？

小习：第 5 行，因为 8 是大于 6 并且小于 10 的数，为真，所以输出"1"；第 6 行，a 小于 10 为假，取反后变为真，输出"1"。

小羽：第 7 行，a 大于 10 为假，a 小于 10 为真，或用运算符连接，只要有一个为真，结果就为真，所以输出"1"。

焦工：在逻辑与表达式中，如果有一个为假，整个表达式就为假，输出 0；在逻辑或表达式中，如果有一个为真，整个表达式就为真，输出 1。在 C 语言中，非 0 值都表示真，包含正数或负数。

程工：请快速说出以下逻辑表达式的值。

①5 > 3 && 6 < 10　②10 > 5 && 5 > 10 && 5 <= 5 && 100 > 60

③10 < 6 || 15 > 20 || 100 > 60

④！(20 > 10)　⑤！！(20 > 10)　⑥！5

3.4　条件运算符

条件运算符也称为三目运算符，那么什么是目呢？在 C 语言中，目是指运算符参与运算的个数，如" + 、 - 、 * 、/"运算符需要两个数参与运算，称为双目运算符；自增（ ++ ）和自减（ -- ）运算符，需要一个变量参与运算，称为单目运算符。三目运算符就要有三个数参与运算，是 C 语言中唯一的三目运算符，格式如下：

表达式1？表达式2：表达式3

含义为：首先计算表达式 1 的值，如果表达式 1 为真，那么这个三目运算符的值就是表达式 2 的值，否则，这个三目运算符的值就是表达式 3 的值。

例如，5 > 3?5:3，结果为 5；5 < 3?5:3，结果为 3。

例题 3.7：给定一个数值，判断及格或不及格。

```
1.  #include <stdio.h>
2.  int main()
3.  {
4.  int a =70;
5.  printf("%s\n",a >=60?"及格":"不及格");
6.  return 0;
7.  }
```

输出结果为：

及格

例题 3.8:给定一个数值 a,85≤a≤100,优秀;75≤a≤84 良好;60≤a≤74 合格;0≤a≤59 不及格。请编写程序输出。

```
1.   #include <stdio.h>
2.   int main()
3.   {
4.   int a = 90;
5.   printf("%s\n",(a > 100 || a < 0)?"成绩不在(0 - 100)内": \
6.   (a >= 60? (a >= 74? (a >= 85?"优秀":"良好"):"合格"):"不及格");
7.   return 0;
8.   }
```

输出为:

优秀

严老师:第5行相对复杂,是条件运算符的嵌套运用,如果 a = 120,(a > 100 || a < 0)为真,则输出"成绩不在(0 - 100)内";如果 a = 90,则(a > 100 || a < 0)为假→跳到 a >= 60,为真→跳到 a >= 74,为真→跳到 a >= 85,为真→输出优秀。

小习、小羽:这个挑战很大,我们来计算一遍。如果 a = 70,则(a > 100 || a < 0)为假→跳到 a >= 60,为真→跳到 a >= 74,为假→输出合格。

焦工:这个例题体现了条件语句的功能,可以灵活运用在程序设计中,第5行的"\"后面的换行符将被忽略,编译时当作一行处理。

程工:定义浮点型 sg 代表身高,定义整型 nl 代表年龄。120 cm 以下的不需要买票。不足16 岁的、身高在 120~150 cm 的儿童需要买儿童票。不到 16 岁、身高 150 cm 以上的儿童要购买学生票或全价票。请根据 sg 和 nl 的值,用条件运算符输出免票、儿童票、学生票或全价票。

3.5 sizeof( ) 运算符和逗号运算符

sizeof( )运算符返回数据类型或常量类型所占用的空间,以字节为单位来计数,是单目运算符。

例如:sizeof(int)返回 4,sizeof(char)返回 1,sizeof(2)返回 4。

逗号运算符是双目运算符,格式为:

表达式1,表达式2

含义是先计算左边的操作数,再计算右边的操作数,右边操作数的类型和值作为整个逗号表达式的结果。

例如,y = (1,3),y 的值是 3,如果写为 y = 1,3,则 y 的值为 1,因为逗号运算符是所有运算中级别最低的,y = (1,3,4,5),y 的值是 5。

严工:逗号用于变量定义,函数参数列表中仅仅起到分割作用,不是逗号运算符。

3.6 复合赋值运算符

复合赋值运算符是为了减少代码输入量而设计的,体现了 C 语言的简洁性。复合赋值常用于在程序中改变变量自身的值。常用的复合赋值运算符见表 3.4。

表 3.4 复合赋值运算符

复合运算符	示例	等价语句
+=	a += 2	a = a + 2
-=	a -= 2	a = a - 2
*=	a *= 2	a = a * 2
/=	a/ = 2	a = a/2
% =	a% = 2	a = a%2

3.7 运算符的优先级

先算除,后算加减,这是我们小学学过的运算规则,在 C 语言程序设计中也有相同的运算规则,这些规则就是优先级,具体如附录一所示,在实际应用中不必记住。可以用小括号来表示优先级高的进行运算。

3.8 数学函数及随机函数

3.8.1 常用的数学函数

科学计算离不开函数,C 语言提供了很丰富的数学函数,常用的函数见表 3.5。要用这些函数,需要在程序头部添加数学库函数,语句为#include < math. h >。

表 3.5 常用数学函数

库函数	功能说明	示例
abs(x)	求整数 x 的绝对值	abs(-5) = 5
fabs(x)	求实数 x 的绝对值	fabs(-3. 14) = 3. 14
floor(x)	求不大于 x 的最大整数	floor(3. 14) = 3. 000000
log(x)	求 x 的自然对数	log(2) = 0. 693147
exp(x)	求 x 的自然指数(e^x)	exp(2) = 7. 389056

库函数	功能说明	示例
pow(x,y)	计算 x^y 的值	pow(2,5) = 32.000000
sqrt(x)	求 x 的平方根($\sqrt{x}$)	sqrt(36) = 6.0

例题 3.9:$x = 10$,求 $y = \left| x + x^3 + \log_2^x + e^2 - \sqrt{x} \right|$。

```
1.   #include <stdio.h>
2.   #include <math.h>
3.   int main(int argc, char * argv[])
4.   {
5.   int x = 3;
6.   float y;
7.   y = fabs(x + pow(x,3) + log(x)/log(2) + exp(x) - sqrt(x));
8.   printf("%f",y);
9.   return 0;
10.  }
```

输出为:

```
49.93845
```

严老师:第 7 行用了对数的换底公式,因为 C 语言没有提供以 2 为底的对数公式,只提供了自然对数,哪个同学还记得?

小习:对数的换底公式为 $\log_a b = \dfrac{\log_c b}{\log_c a}$,这里用的是自然对数,所以 $\log_2 x = \dfrac{\lg x}{\lg 2}$。

严老师:小习同学记得很准确,我们做任何事的时候,如果没有直接的解决办法,可以想一想有没有间接的解决方案。在程序设计中,函数库不可能提供所有函数,有时需要转换,如这个例题,有时需要动手编写函数。另外,在第 7 行中,sqrt(x) 对 x 开平方,用 pow 函数怎样替换?

小羽:pow(x,y) 是以 x 为底 y 的幂次方,sqrt(x) 是对 x 开平方,也就是 $x^{0.5}$,所以可以用 pow(x,0.5)。

焦工:函数一定要多练习,才能用得熟练,编程时才能信手拈来。

程工:用数学函数完成以下任务。

①$x^2 + \left| x^3 \right|$　　　②$e^x + \sqrt{\left| x+2 \right|}$　　　③$\log_3^x + \sqrt{x^3 - 3}$

3.8.2　随机函数

随机函数是学习和工作中常用的函数,比如编写石头剪刀布游戏、随机产生加减乘除、贪吃蛇和打地鼠等。要想用随机函数,需要引入函数库 <stdlib.h>。随机函数的格式为:

```
int rand(void);//int 是函数的返回值,void 没有参数
```

rand( )会随机生成一个位于 0 ~ RAND_MAX 之间的整数。RAND_MAX 是 < stdlib. h > 头文件中的一个宏,它用来指明 rand( )所能返回的随机数的最大值。在实际编程中,不需要知道 RAND_MAX 的具体值,把它当作一个很大的数来对待即可。

例题 3.10:

```
1.  #include <stdio.h>
2.  #include <math.h>
3.  #include <stdlib.h>
4.  int main()
5.  {
6.  int y;
7.  y = rand();
8.  printf("%d",y);
9.  return 0;
10. }
```

运行结果为:

```
41
```

严老师:你们可以多运行几次,有没有发现什么问题?

小习:我运行了几次,每次结果都相同,随机数应该是每次不同,随机没有发生。

小羽:我也是,既然有这个函数,应该有解决办法。

焦工:rand( )函数产生随机数需要一个"种子",种子在每次启动计算机时是随机的,但是一旦计算机启动以后,它就不再变化了。你们可以通过 srand( )函数来重新"播种",这样种子就会发生改变。srand( )的用法为:

```
void srand(unsigned int seed);
```

在实际开发中,可以用时间作为参数,只要每次播种的时间不同,那么生成的种子就不同,最终的随机数也就不同,使用方法如下:

```
srand((unsigned)time(NULL));
```

time 是一个时间函数,需要引入 < time. h >库,NULL 的含义是空,值是 0。

```
1.  #include <stdio.h>
2.  #include <math.h>
3.  #include <stdlib.h>
4.  #include <time.h>
5.  int main(int argc, char *argv[])
6.  {
7.  int y;
8.  srand((unsigned)time(NULL));
9.  y = rand();
10. printf("%d\n", y);
11. return 0;
12. }
```

运行结果每次都不同。

程工:在实际开发中,往往需要一定范围内的随机数,那么如何产生一定范围的随机数呢?可以利用求余的方法:

rand( )%100 可以产生 0~99 之间的数,不含 100。

rand( )%36+15 产生 15~50 之间的数,rand( )%(b-a+1)+a 产生[a,b]的数。

程工:请利用随机函数和条件表达式完成以下任务:

0 代表石头,1 代表剪刀,2 代表布,请用随机函数输出石头、剪刀或布。

3.9 总结

本章主要讲解了算术运算符、关系运算符、逻辑运算符和相关数学函数,通过运算符和数学函数的学习可以完成数学运算和逻辑关系的表达,还介绍了自增和自减、sizeof( )和条件运算符,最后介绍了随机函数的应用。

习题

1. 写出下列各逻辑表达式的值。

设 a=3,b=4,c=5。

(1)a+b>c&&b==c

(2)a||b+c&&b-c

(3)!(a>b)&&!c||1

(4)!(x=a)&&(y=b)&&0

(5)!(a+b)+c-1&&b+c/2

2. 阅读程序,运行结果:_____。

```
#include <stdio.h>
main()
{
  int a=3,b=1,x=2,y=0;
  printf("%d, %d \n",(a>b)&&(x>y), a>b&&x>y);
  printf("%d, %d \n",(y||b)&&(y||a), y||b&&y||a);
  printf("%d\n",!a||a>b);
}
```

3. 有以下程序:

```
main()
{
  int  a=1,b=2,m=0,n=0,k;
  k=(n=b>a)||(m=a<b);
  printf("%d,%d\n",k,m);
}
```

程序运行后的输出结果是_____。

4. 以下程序的输出结果是_____。

```
main()
{
  int  a=4,b=5,c=0,d;
  d=!a&&!b||!c;
  printf("%d\n",d);
}
```

5. 以下程序的输出结果是_____。

```
#include<stdio.h>
main()
{
  int a,b,d=241;
  a=d/100%9;
  b=(-1)&&(-1);
  printf("%d,%d\n",a,b);
}
```

6. 为表示关系 $x \geq y \geq z$,应使用的 C 语言表达式是_____。

7. 已知:char c; int a,b,d; c='w'; a=1; b=2; d=-5;,求下列表达式的值:

(1)'x'+1<c

(2)'Y'!=c-5

(3)-a-5*b>=d+1

(4)3>d<-1

(5)d!=b+2==4

8. 有以下程序,阅读后写出程序的运行结果:_____。

```
main()
{
    int m=3,n=4,x;
    x=-m++;
    x=x+8/++n;
    printf("%d\n",x);
}
```

9. 有以下程序,阅读后写出程序的运行结果:_____。

```
#include<stdio.h>
main()
```

```
{
    int  a = 2,b = 3,c = 4;
    printf("%d\n",1/3.0 * 3.0 ==1.0);
    printf("%d\n", a + b > 3 * c);
    printf("%d\n",(a <= b) == (b > c));
    printf("%d\n",'A' ! = 'a');
}
```

10. 用条件表达式描述：

（1）取三个数 a、b、c 中的最大者；

（2）取三个数 a、b、c 中的最小者。

11. 0 代表"＋",1 代表"－",2 代表"＊",3 代表"／",请用随机函数输出运算符。

第 四 章

分支结构

　　小习:羽同学,我们上一章学了运算符与数学函数,感觉计算机功能很强大。对于运算题,计算机算得很快,但是如果想输出对成绩的评语,如 85 ~ 100 为优秀,75 ~ 84 为良好,60 ~ 74 为合格,0 ~ 59 为不合格,感觉还是有困难。

　　小羽:我也试着用条件运算符(?:)写,总感觉如果条件较多话,就不好写了,感觉也不好理解。

　　小习:嗯,这样写不太清晰,我想应该有方法解决,期待老师的讲解。

　　程序设计常用的语句为顺序结构、分支结构和循环结构,顺序结构比较简单,按顺序书写就可以了,前面 3 章写的都是顺序结构,本章讲解分支结构,第五章讲解循环结构。分支结构又称为选择结构或条件结构,目的是让程序具有一定的判断能力,根据不同情况,程序做出不同反应,感觉程序具有了一定智能。

4.1　流程图符号

　　流程图用一些符号来帮助理清程序设计的思路,方便程序员之间的交流,在团队开发和算法设计中经常使用。下面是一些常用的流程图符号,如图 4.1 所示。

- 椭圆:开始和结束的标志。
- 矩形:用作要执行的处理。
- 菱形:表示决策或判断。
- 箭头:连线的箭头表示一个过程的流程方向。

图 4.1　常用流程图符号

4.2 单分支结构

在满足某种条件时执行语句块操作,而不满足条件时就不进行任何操作,这个时候可以只使用单分支 if 语句。流程图如图 4.2 所示。语句格式如下:

```
if(表达式) /*若条件成立,则执行大括号里的语句,反之,则不执行*/
{
  语句块;
}
```

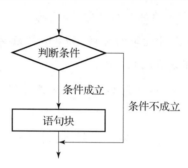

图 4.2   单分支 if 语句流程图

例题 4.1:输入一个分数,小于 60 分的不及格。

```
1.  #include <stdio.h>
2.  int main(int argc, char *argv[])
3.  {
4.  int score;
5.  printf("请输入分数:");
6.  scanf("%d",&score);
7.  if(score<60)
8.  {
9.  printf("您的成绩不及格!\n");
10. return 0;
11. }
12. }
```

严老师:在写第 7 行语句时,不要写为"if(score <60) ;",如果带上分号,同学们可以试一下,有什么情况。

小习:程序没有提示任何错误,也可以运行。

小羽:我发现输入大于 60 和小于 60 的都提示"您的成绩不及格!",条件没有起到作用。

严老师:你们两个都很认真,这个程序编译没有错误,但是在大于 60 时,输出的不是我们想要的结果,我们知道";"是 C 语言的结束语句,如果写为"if(score <60) ;",就相当于 if( ) 条

件后面跟了一个空语句,什么都不执行;大括号与条件无关,不管怎样都会输出。

小习:老师,我明白了。

小羽:哦,写程序要认真,一个";"会导致不同的结果。

焦工:如果把第 8 和第 10 行的大括号去掉,也是可以运行的,因为只有第 9 行一条可执行语句,可以省略大括号,如果 if( ) 条件下面有多行语句,大括号不能省略,例如我们在第 9 行下面增加一条语句 printf("你本次不通过,需要补考!");,要不要大括号?同学们可以看看有什么情况。

4.3 双分支结构

在满足某种条件时,执行语句块 1 操作,而不满足条件时,执行语句块 2 操作,这个时候可以使用双分支 if 语句。流程图如图 4.3 所示。语句格式如下:

```
if(表达式) /*若成立,则执行语句块1,否则,执行语句块2*/
{
   语句块1;
}
else
{
   语句块2;
}
```

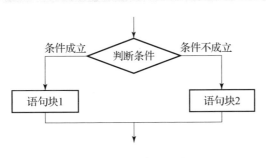

图 4.3 双分支 if 语句

例题 4.2:输入一个分数,小于 60 分的不及格,60 分及以上及格。

```
1.  if(score < 60)
2.  {
3.  printf("您的成绩不及格!\n");
4.  }
5.  else
6.  {
7.  printf("您的成绩及格!\n");
8.  }
```

严老师:如果把第1行的条件写为 if(score >=60),怎样修改?

小习:这个简单,把第3行和第7行交换一下就可以了。

小羽:双分支是否可以用两个单分支的代替?

严老师:同学们可以试一下,完全可以的,学过多分支后,我们有一个对比。

4.4 多分支结构

在满足表达式1时,执行语句块1操作,否则,跳到表达式2进行判断,如满足表达式2,执行语句2,否则,跳到表达式3进行判断,依此类推。格式如下:

```
if(表达式1) /*如果表达式1成立,执行语句块1,否则,继续判断表达式2*/
{
    语句块1
}
else if(表达式2)   /*如果表达式成立,执行语句块2,否则,继续判断表达式3*/
{
    语句块2
}
else if(表达式3)   /*如果表达式成立,执行语句块3,否则,继续判断下一个表达式*/
{
    语句块3;
}
...
else   /*如果以上表达式都不成立,则执行语句n*/
{
    语句块n
}
```

例如:输入一个分数,按以下条件进行:

- 优秀:≥85 and ≤100
- 良好:≥75 and ≤84
- 合格:≥60 and ≤74
- 不合格:≥0 and ≤59

分支结构的三种形式都学完了,结合这个例题,利用三种形式写出对应程序,见表4.1。

严老师:通过这个例题,可以发现,单分支、双分支或多分支结构都可以实现相应的程序,可以根据个人喜好选用,像本例题这种情况用多分支结构更合适。

焦工:分支结构要想熟练掌握和运用,需要多练习、多编写,在写代码过程中成长。

表 4.1 三种条件语句对比

单分支结构	双分支结构	多分支结构

单分支结构：

```c
#include <stdio.h>
int main(int argc, char * argv[])
{int score;
printf("请输您的人分数:");
scanf("%d",&score);
if(score >100 || score <0)
{printf("您输入的分数有误!\n");};
if(score >=85 && score <=100)
{printf("您的成绩为优秀!\n");};
if(score >=75 && score <=84)
{printf("您的成绩为良好!\n");};
if(score >=60 && score <=74)
{printf("您的成绩为合格!\n");};
if(score >=0 && score <=59)
{printf("您的成绩为不合格!\n");};
return 0;
}
```

双分支结构：

```c
#include <stdio.h>
int main(int argc, char * argv[])
{int score;
printf("请输您的人分数:");
scanf("%d",&score);
if(score >100 || score <0)
{printf("您输入人的分数有误!\n");};
else
{if(score >=85 && score <=100)
{printf("您的成绩为优秀!\n");};
else
{if(score >=75 && score <=84)
{printf("您的成绩为良好!\n");};
else
{if(score >=60 && score <=74)
{printf("您的成绩为合格!\n");};
else
{printf("您的成绩为不合格!\n");};
}}}
return 0;
}
```

多分支结构：

```c
#include <stdio.h>
int main(int argc, char * argv[])
{int score;
printf("请输您的人分数:");
scanf("%d",&score);
if(score >100 || score <0)
{printf("您输入您的分数有误!\n");};
else if(score >=85 && score <=100)
{printf("您的成绩为优秀!\n");};
else if(score >=75 && score <=84)
{printf("您的成绩为良好!\n");};
else if(score >=60 && score <=74)
{printf("您的成绩为合格!\n");};
else
{printf("您的成绩为不合格!\n");};
return 0;
}
```

4.5 switch 语句

C 语言使用多分支选择结构,但是程序会显得比较复杂,不易阅读。除了多分支结构,C 语言还提供了 switch 的结构。

```
switch(表达式) /* 首先计算表达式的值 */
{   case 常量表达式 1:语句系列 1; break;
    case 常量表达式 2:语句系列 2; break;
    case 常量表达式 3:语句系列 3; break;
    //…
    case 常量表达式 n:语句系列 4; break;
    default:语句 n +1；
}
```

switch 语句的执行过程为:首先计算表达式的值,然后依次与常量表达式进行比较,若表达式的值与某常量表达式相等,则从该常量表达式处开始执行,直到遇到 break 语句结束。若所有常量表达式的值均不等于表达式的值,则从 default 处执行。

例如:

```
1.  #include <stdio.h>
2.  int main(int argc, char *argv[])
3.  { int riq;
4.  printf("请输入一个整数:");
5.  scanf("%d",&riq);
6.  switch(riq){
7.  case 1: printf("星期一\n");break;
8.  case 2: printf("星期二\n");break;
9.  case 3: printf("星期三\n");break;
10. case 4: printf("星期四\n");break;
11. case 5: printf("星期五\n");
12. case 6: printf("星期六\n");
13. case 7: printf("星期日\n");break;
14. default:printf("输入有误\n");
15. }
16. return 0;
17. }
```

严老师:本例题有些瑕疵,同学们可以试一试。

小习:输入 1、2、3 和 4 没什么问题,当输入 5 时,输出结果如图 4.4 所示,不止显示星期五,星期六和星期日也显示出来了。

图 4.4　运行结果

小羽：我也发现了这个问题,11 行和 12 行与前面的行比较,少一个 break,按前面讲的,没有 break,就一直往下执行,直到遇到 break。

严老师：是的,break 是 C 语言中的一个关键字,专门用于跳出 switch 语句和循环语句。所谓跳出,是指一旦遇到 break,就不再执行 switch 中的任何语句,也就是说,整个 switch 执行结束了,接着会执行后面的代码。由于 default 是最后一个分支,匹配后不会再执行其他分支,所以也可以不添加 break 语句。

焦工：switch( )括号里面只能是一个字符、整型或枚举类型,其他类型不支持,case 后面必须是对应类型的常数,或者是结果为对应类型的表达式,但不能包含任何变量。

4.6 案例

案例 1：某超市为了节日促销,规定:购物不足 50 元的按原价付款,超过 50 元不足 100 元的按九折付款,超过 100 元的按八五折付款,编程完成超市自动计费工作。

严老师：同学们,我们在超市购物时,金额都为整型吗？ 所以,在编写程序时,要考虑实际情况,定义采购金额为浮点型,浮点数输出时有很多位小数,我们控制小数点后两位数,格式为:"%.2f",请同学们编写相关程序。

```c
#include <stdio.h>
int main(int argc, char *argv[])
{
    float cgJe,sfJe;
    printf("请输入购物金额:");
    scanf("%f",&cgJe);
    if(cgJe >0 && cgJe <50)
    {
        sfJe =cgJe;
        printf("应付金额%.2f,实付金额%.2f\n",cgJe,sfJe);
    }
    else if(cgJe >=50 && cgJe <100)
    {   sfJe =cgJe *0.9;
        printf("应付金额%.2f,实付金额%.2f\n",cgJe,sfJe);
    }
    else if(cgJe >=100)
    {   sfJe =cgJe *0.85;
        printf("应付金额%.2f,实付金额%.2f\n",cgJe,sfJe);//输出小数点后两位数
    }
    else
    {   printf("输入有误\n");
    }
    return 0;
}
```

案例 2：从键盘输入三个整数,输出其中最大值。

严老师：输入三个数 a,b,c,假定 a 为最大值,与 b 比较,如小于 b,把 b 的值赋予 a,这时 a

中保存的就是a,b中的最大值;同理,用最大值a与c比较,得出a,b,c中的最大值保存在a中,输出a值就可以了,同学们试着编写程序。

```
#include <stdio.h>
int main(int argc, char *argv[])
{
int a,b,c;
printf("请输入三个整数:\n");
scanf("%d,%d,%d",&a,&b,&c);
if(a<b) a=b;
if(a<c) a=c;
printf("最大值为%d\n",a);
return 0;
}
```

案例3:打印某年某月有多少天。(提示:闰年的计算方法:年数能被4整除,并且不能被100整除;或者能被400整除的整数年份。利用%运算符可以判断一个数能否被另一个数整除。)

严老师:此案例考虑12个月份,并且为整数,考虑用switch语句编写,闰年2月份为29天,非闰年为28天,2月份要套用一个判断语句,同学们试着编写程序。

```
#include <stdio.h>
int main(int argc, char *argv[])
{   int year, month;
    printf("请输入年月\n");
    scanf("%d,%d", &year, &month);
    switch(month)
    {
    case 2://2月份判断是否闰年
        if((year%400 == 0) ||(year%4 == 0 && year%100 != 0))
            printf("29\n");
        else
            printf("28\n");
        break;
    case 4:
    case 6:
    case 9:
    case 11: printf("30\n"); break;
    default: printf("31\n");
    }

}
```

案例4:编程实现人机对弈石头剪刀布游戏。

严老师:石头剪刀布是我们小时候玩的游戏,要实现人机对弈,我们可以想到上一章的内容,让计算机利用随机函数产生0,1,2(0→石头,1→剪刀,2→布),玩家手动输入0,1,2;然后根据玩法规则,利用分支语句实现。

```
#include <stdio.h>
#include <math.h>
#include <stdlib.h>
#include <time.h>
int main(int argc, char *argv[])
{
    int pc,person;
    srand((unsigned)time(NULL));
    pc = rand()%3;
    printf("请输入(0 ->石头,1 ->剪刀,2 ->布) \n");
    scanf("%d",&person);
    if(person >2 ||person <0)
      printf("输入有误 \n");
    else if((pc ==0 && person ==1)||(pc ==1&&person ==2)||(pc ==2&&person ==0))
      printf("电脑赢 \n");
    else if(pc ==person)
      printf("平局 \n");
    else
      printf("玩家赢 \n");
        return 0;
}
```

4.7 总结

本章主要讲解分支结构,其是程序具有智能的开始,了解流程图的符号并理解流程图的含义,重点掌握单分支、双分支和多分支结构,理解其区别和相互转换,通过案例理解和掌握分支结构,为程序设计打下坚实的基础。

习题

一、选择题

1. 以下4个选项中,不能看作一条语句的是(   )。

A. {;}

B. a =0,b =0,c =0;

C. if(a >0);

D. if(b ==0) m =1;n =2;

2. 以下程序段中与语句 k = a >b? (b >c?1:0):0;功能等价的是(   )。

A. if((a >b)&&(b >c)) k =1;

B. if((a >b)||(b >c)) k =1
    else k =0;

C. if(a <=b) k =0;
  else if(b <=c) k =1;

D. if(a >b) k =1;
  else if(b >c) k =1;

3. 有以下程序:

```
main()
{ int i =1,j =1,k =2;
  if((j ++ ||k ++)&&i ++) printf("%d,%d,%d\n",i,j,k);
}
```

执行后输出的结果是(　　)。

A. 1,1,2　　　　　　B. 2,2,1　　　　　　C. 2,2,2　　　　　　D. 2,2,3

4. 有以下程序：

```
main()
{   int a =5,b =4,c =3,d =2;
    if(a >b >c)
        printf("%d\n",d);
    else if((c -1 >=d) ==1)
            printf("%d\n",d +1);
        else
    printf("%d\n",d +2);
}
```

执行后输出的结果是(　　)。

A. 2　　　　　　　　　　　　　　　　B. 3

C. 4　　　　　　　　　　　　　　　　D. 编译时有错,无结果

5. 有以下程序：

```
main()
{   int a =15,b =21,m =0;
    switch(a%3)
    { case 0:m ++;break;
      case 1:m ++;
            switch(b%2)
            {  default:m ++;
                case 0:m ++;break;
            }
    }
    printf("%d\n",m);
}
```

程序运行后的输出结果是(　　)。

A. 1　　　　　　　B. 2　　　　　　　C. 3　　　　　　　D. 4

6. 以下程序的输出结果是(　　)。

```
main()
{   int  a =5,b =4,c =6,d;
printf("%d\n",d =a >b? (a >c? a:c):(b));}
```

A. 5　　　　　　　B. 4　　　　　　　C. 6　　　　　　　D. 不确定

7. 以下程序的输出结果是( )。

```
main()
{    int a=4,b=5,c=0,d;
d=!a&&!b||!c;
printf("%d\n",d);
}
```

A. 1
B. 0
C. 非0的数
D. −1

8. 能正确表示逻辑关系"a≥10 或 a≤0"的 C 语言表达式是( )。

A. a>=10 or a<=0

B. a>=0|a<=10

C. a>=10 &&a<=0

D. a>=10 || a<=0

9. 有如下程序：

```
main0
{ int x=1,a=0,b=0;
 switch(x){
 case 0: b++;
 case 1: a++;
 case 2: a++;b++;
 }
 printf("a=%d,b=%d\n",a,b);
}
```

该程序的输出结果是( )。

A. a=2,b=1
B. a=1,b=1
C. a=1,b=0
D. a=2,b=2

10. 有如下程序：

```
main()
{ float x=2.0,y;
if(x<0.0) y=0.0;
else if(x<10.0) y=1.0/x;
else y=1.0;
printf("%f\n",y);
}
```

该程序的输出结果是( )。

A. 0.000000
B. 0.250000
C. 0.500000
D. 1.000000

11. 有如下程序：

```
main()
{ int a=2,b=-1,c=2;
  if(a<b)
  if(b<0) c=0;
  else c++;
  printf("%d\n",c);
}
```

该程序的输出结果是(   )。

A. 0   B. 1

C. 2   D. 3

12. 当 c 的值不为 0 时,在下列选项中能正确将 c 的值赋给变量 a,b 的是(   )。

A. c=b=a;   B. (a=c)‖(b=c);

C. (a=c)&&(b=c);   D. a=c=b;

13. 能正确表示 a 和 b 同时为正或同时为负的逻辑表达式是(   )。

A. (a>=0‖b>=0)&&(a<0‖b<0)   B. (a>=0&&b>=0)&&(a<0&&b<0)

C. (a+b>0)&&(a+b<=0)   D. a*b>0

14. 以下程序的输出结果是(   )。

```
main ()
{ int m=5;
  if (m++ >5 print ("%d\n",m);
  else printf ("%d\n",m--); }
```

A. 7   B. 6   C. 5   D. 4

二、判断题

1. C 语言程序中,当出现条件分支语句 if…else 时,else 与首行位置相同的 if 组成配对关系。   (   )

2. 在 C 源程序中,将语句"if(x==5) y++;"误写作"if(x=5) y++;",将导致编译错误。   (   )

3. int i=20;switch(i/10){case 2:printf("T");case 1:printf("F");}的输出结果为 T。   (   )

4. 在 if 语句中,如果要想在满足条件时执行一组(多个)语句,则必须把这一组语句用{}括起来组成一个复合语句。   (   )

5. 在 switch 语句中,每一个的 case 常量表达式的值可以相同。   (   )

6. 执行 switch 语句时,肯定会执行其中的一个分支语句组。   (   )

7. if 语句一定要结合 else 使用。   (   )

8. 若有 int i=10, j=0;,则执行完语句 if(j=0)i++; else i--;,i 的值为 11。   (   )

9. switch 语句中的每个 case 总要用 break 语句。   (   )

10. if(x!=y) scanf("%d",&x) else scanf("%d",&y);是正确的 if 语句。   (   )

三、编程题

1. 从键盘读入一个数,判断它的正负。是正数,则输出" + ";是负数,则输出" – "。输入 a,b,c 三个不同的数,将它们按由小到大的顺序输出。

2. 铁路托运行李规定:行李重不超过 50 千克的,托运费按每千克 0.15 元计费;如超 50 千克,超过部分每千克加收 0.10 元。编写一个程序完成自动计费工作。

3. 编写一个程序,功能是从键盘输入 1 ~ 12 中的某一个数字,由电脑打印出其对应的月份的英语名称。

4. 输入三个整数,进行排序输出。

第五章

循环结构

小习:羽同学,我们上一章学了分支结构,自我感觉良好,也感受到了写程序的乐趣、写代码的细心、调试代码的耐心和运行时的开心,但程序总是运行一次就结束了。

小羽:就是,每次还要重新运行,才能再次执行。

小习:嗯,我也试着把代码复制在下面,复制几次就多执行几次,感觉多次执行了类似的代码。我想应该有方法解决,期待老师的讲解。

程序设计常用的语句为顺序结构、分支结构和循环结构。学习了分支结构,同学们已具备了一定的程序设计能力,而对于重复性的代码,需要用到循环结构,本章分别讲解 while 循环、do…while 循环和 for 循环。

5.1 while 循环

该循环首先判断表达式的真假,如为真(非0),重复执行循环体,如为假(为0),结束循环。while 括号里面的表达式,判断能否进入循环,因此有可能一次也不执行,循环体部分可以是一个简单语句或一个复合语句,当表达式为真时,重复循环体操作,否则退出循环。流程图如图 5.1 所示,其格式为:

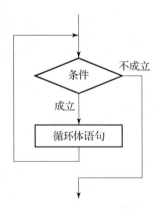

图 5.1   while 循环流程图

```
while(表达式)
{
    循环体;
}
```

例如:计算 $1 + 2 + 3 + \cdots + 100$ 的结果。

```
1.  #include <stdio.h>
2.  int main(int argc, char *argv[])
3.  {
4.  int i = 1,sum;
5.  sum = 0;
6.  while(i <= 100)
7.  {
8.  sum = sum + i;
9.  i++;
10. }
11. printf("1 + 2 + 3 + ⋯+100 = %d\n",sum);
12. }
```

运行结果如图 5.2 所示。

严老师:第 4 行定义了 i 和 sum 两个变量,变量 i 是循环的初始值,也是累加的第 1 个数,它控制循环是否结束,sum 是保存累加和的变量;第 5 行给 sum 赋值 0,这是因为累加变量里不能有值,如果是累乘,就要赋值 1;第 6 行是循环表达式,因为要到 100 结束,自然表达式写成 i <= 100;第 8 行是每执行一次,把 i 的值累加到 sum;

图 5.2　运行结果

第 9 行是自加 1,它也是控制循环结束的变量。循环一定要有结束条件,否则就是死循环。

小习:这是我第一次接触循环,要好好理解一下循环的写法。

小羽:既然能从 1 开始累加,是否也可以从 100 开始倒着累加呢?

严老师:小羽同学的提问很好,学习程序设计就要多思考、勤动手,这个完全可以的,你们可以试一下。

小习:我们改好了,代码片段如下:

```
{int i = 100,sum;
sum = 0;
while(i >= 1)
{
  sum = sum + i;
  i--;
}
printf("1 + 2 + 3 + ⋯+100 = %d\n",sum);
}
```

5.2 do···while 循环

该循环首先执行循环体一次,然后判断表达式的真假,如为真(非0),重复执行循环体,如为假(为0),结束循环。while 括号里面的表达式判断能否循环,不管成立与否,循环体都至少执行一次,循环体部分可以是一个简单语句或一个复合语句,当表达式为真时,重复循环体操作,否则退出循环。流程如图5.3所示。其格式为:

```
do
{
    循环体;
}while(表达式);
```

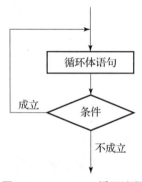

图 5.3 do···while 循环流程

严老师:"while(表达式);"后面的分号一定不要丢失。与 while 的区别:在条件为假时,do···while 执行一次,而 while 不执行,在条件为真时没区别。

例如,当表达式为假时的区别见表5.1。

表 5.1 while 和 do···while 的区别对比

while 循环	do···while 循环
int i = 100;	int i = 100;
while(i < 0)	do
{	{
printf("i = % d\n",i);	printf("i = % d\n",i);
}	}while(i < 0);
无输出	输出 i = 100

5.3 for 循环

前面学习的 while 循环和 do···while 循环适合解决循环次数未知的重复操作(一般这么认

为),在 C 语言中,如果已知重复操作的次数,可以使用 for 循环语句。流程如图 5.4 所示。其一般格式如下:

```
for(循环变量初始化;循环条件;循环变量增量)
{
    循环体;
}
```

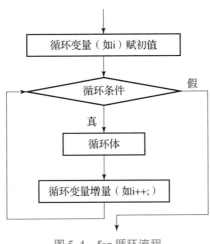

图5.4　for 循环流程

执行过程为:

①循环变量赋初值,可以在 for 语句之前,也可在 for 语句之后;

②判断循环条件,如果成立,执行循环体内的语句;如果不成立,则转到步骤⑤;

③执行循环变量增量语句;

④转回步骤②继续执行;

⑤循环结束,执行 for 循环语句后面的语句。

严老师:循环变量增量语句一般情况下是递增或递减循环变量的语句,比如 i++ 、i－－ 或 i = i + 2 等,根据情况而定。

例如,用 for 语句实现计算 1 + 2 + 3 + … + 100 的结果。

```
#include <stdio.h>
int main(int argc, char *argv[])
{   int sum = 0;
for(int i = 1;i <= 100;i ++)
{
sum = sum + i;
}
printf("1 + 2 + 3 + …+100 = %d \n",sum);
}
```

严老师:可以与前面的 while 循环对比一下。

小习:初始值和 i++ 都放到 for( )语句里面了,其他都一样。

小羽：是不是也可以像 while( ) 循环一样写代码？i 的初始值放在外面，i++ 放在循环体里面。

严老师：这个完全可以，但是两个"；"不能丢掉。但这不是 for 语句的特点，一般不建议这样写，可以参考如下代码：

```
#include <stdio.h>
int main(int argc, char *argv[])
{int i=1,sum=0;
for(;i<=100;)
{sum=sum+i;
i++;}
printf("1+2+3+…+100=%d\n",sum);
}
```

5.4 break 和 continue

C 语言中有两个跳出循环的语句，它们分别是 break 和 continue，break 用来跳出整个循环语句，在 switch 语句中也用到过；continue 用来跳出当次循环，也就是跳过当前的一次循环，continue 前面的语句执行，后面的语句不执行。

例如，阅读表 5.2 所列的两个程序。

表 5.2　break 和 continue 的运行区别

break	continue
1.　int main(int argc, char *argv[])	1.　int main(int argc, char *argv[])
2.　{int i,sum=0;	2.　{int i,sum=0;
3.　for(i=1;i<10;i++)	3.　for(i=1;i<10;i++)
4.　{if(i%4==0)	4.　{if(i%4==0)
5.　{printf("break 语句执行了\n");	5.　{printf("continue 语句执行了\n");
6.　break;}	6.　continue;}
7.　sum=sum+i;	7.　sum=sum+i;
8.　}	8.　}
9.　printf("sum=%d\n",sum);	9.　printf("sum=%d\n",sum);
10. return 0;	10. return 0;
11. }	11. }
结果如图 5.5 所示。	结果如图 5.6 所示。
 图 5.5　运行结果	 图 5.6　运行结果

严老师:有什么不同?

小习:break 这一列,第 3 行 for 循环语句满足循环条件,进入循环,第 4 行条件语句判断是否是 4 的倍数,如果是 4 的倍数,输出"break 语句执行了",然后跳出循环,如果不是 4 的倍数,进行累加,结果为 $1 + 2 + 3 = 6$。

严老师:小习分析得很准确。

小羽:我来读一下 continue 这一列。第 3 行 for 循环语句满足循环条件,进入循环,第 4 行条件语句判断是否是 4 的倍数,如是 4 的倍数,输出"continue 语句执行了",然后跳出本次循环,如不是 4 的倍数,进行累加,结果为 $1 + 2 + 3 + 5 + 6 + 7 + 9 = 33$。

严老师:小羽分析得也很准确。通过这个例题,同学们要正确认识 break 和 continue 的区别。只有正确认识,才能准确运用。

5.5 案例

案例1:模拟 ATM 取款机操作,卡号为 123456,密码为 654321,初始存款为 1 000 元。要求为:卡号和密码都正确,进入如图 5.7 所示界面;否则,提示"还剩余×次,请重新输入卡号和密码",超过三次则自动退出,实现存款、取款、查询和退出操作。

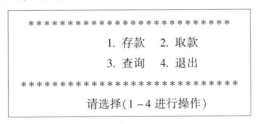

```
* * * * * * * * * * * * * * * * * * * * * * * * *
       1. 存款    2. 取款
       3. 查询    4. 退出
* * * * * * * * * * * * * * * * * * * * * * * * *
       请选择(1 - 4 进行操作)
```

图 5.7 显示界面

严老师:要实现该案例,首先就要实现登录操作。要登录,就是要使卡号和密码都正确,要想到用逻辑与(&&),同时要用到分支结构;如果密码不正确,还要提示"还剩余×次,请重新输入卡号和密码",超过三次则自动退出。这要用到循环,因为知道次数后,用 for 循环比较好。请同学们实现登录代码。

两位同学实现的代码见表 5.3。

表 5.3 两位同学实现的代码

小习	小羽
| ```c
#include <stdio.h>
int main(int argc, char *argv[])
{int kh,mm,cz,i,;//卡号、密码、操作
for(i = 1;i <= 3;i ++)
{
printf("请输入卡号:");
scanf("%d",&kh);
printf("请输入密码:");
scanf("%d",&mm);
``` | ```c
#include <stdio.h>
int main(int argc, char *argv[])
{int kh,mm,cz,i,;
for(i = 3;i >= 1;i --)
{
printf("请输入卡号:");
scanf("%d",&kh);
printf("请输入密码:");
scanf("%d",&mm);
``` |

续表

小习	小羽

``
if(kh==123456 && mm==654321)
{
printf("************************\n");
printf("   1.存款   2.取款\n");
printf("   3.查询   4.退出\n");
printf("************************\n");
printf("请选择(1-4)进行操作:");
}
else
{printf("还剩余%d次,请重新输入卡号和密码\n",3-i);
}
}
return 0;
}
``
	``
	if(kh==123456 && mm==654321)
	{
	printf("************************\n");
	printf(" 1.存款 2.取款\n");
	printf(" 3.查询 4.退出\n");
	printf("************************\n");
	printf("请选择(1-4)进行操作:");
	}
	else
	{printf("还剩余%d次,请重新输入卡号和密码\n",i-1);
	}
	}
	return 0;
	}
	``

严老师:两位同学都做得非常好,都按要求进行了思考,并且写出了程序。你们在执行过程中有什么问题?

小习:当卡号和密码有误时,代码执行都正确,当卡号和密码无误时,就出现了如图5.8所示问题,感觉不对,又重新提示"请输入卡号"。

小羽:我的也是这个问题,我们分析了一下,卡号和密码正确时,循环还没结束,所以出现了这个问题,是不是后面要加"break;"?

严老师:你们思考得很对,就是要跳出这个循环,跳出之后就要写存取款和查询操作,但是执行存取款和查询操作多少次,你们知道吗?同学们,思考一下循环条件怎样写。

图5.8 运行结果

小习:因为不知道循环次数,循环条件要为真。因为C语言中,真为非0值,我们用1表示就可以了。

小羽:我们写出了如下代码。

```
#include <stdio.h>
int main(int argc, char *argv[])
{int kh,mm, cz, i,tMoney =1000,money;/* 卡号、密码、操作、循环变量、tMoney 是 ATM 的余额
变量、money 是存取款变量。*/
```

```
…//省略
while(1)
{printf("**************************\n");
printf("    1.存款    2.取款\n");
printf("    3.查询    4.退出\n");
printf("**************************\n");
printf("请选择(1-4)进行操作:\n");
    scanf("%d",&cz);
    if(cz==1)
    {  printf("请输入存款:\n");
        scanf("%d",&money);
        tMoney=tMoney+money;
    }
    else if(cz==2)
    {  printf("请输入取款:\n");
        scanf("%d",&money);
        if((tMoney-money)<0)
          { printf("存款余额不足\n");  }
          else
            { tMoney=tMoney-money;
              printf("取款成功\n"); }
    }
    else if(cz==3)
    {  printf("存款余额为:%d\n",tMoney); }
    else if(cz==4)
    {  break;}
    else
    {  printf("输入操作有误! 请输入(1-4)\n");}
    }
  return 0;}
```

　　小习:我们把菜单栏移到了 while 循环里面,这样提示更友好,整个程序调试目前没发现问题。

　　小羽:不好,我这儿发现一个致命问题,当用户名和密码输入错误三次时,也出现了存取款菜单,这麻烦大了,哪个地方有问题呢?

　　严老师:你们仔细读一下程序,当用户名和密码输入错误三次时,程序也按顺序执行到了 while( )无限循环处,出现存取款菜单。想一想,三次错误与不是三次错误的循环变量有什么不一样? 怎样处理? 这是关键。

　　小习:我明白了,输错三次时,循环变量 i 等于 4,只要修改循环为 while(i<4)就可以了。

　　小羽:输错三次时,循环变量 i 等于 0, 只要修改循环为 while(i>0)就可以了。

　　严老师:恭喜你们都成功了。

　　案例 2:随机产生 0~100 之内的两个数,用 a 和 b 两个变量表示,实现 a 和 b 的加减乘除运算,要求:

　　①产生 10 个题目,等待用户输入,如果输入结果正确,加 10 分,用户算完 10 题并给出总分;

②减法运算不能出现负数,除法要整除;

③运算符号也是随机产生的。

严老师:该案例的难点一是运算符怎样表示,这里要有一个转换思维,也就是加减乘除符号用1,2,3和4表示,还记得第三章学过怎样随机产生石头剪刀布吗? 如果明白,这个也很容易处理;二是整除用求余运算(%),随机产生的两个数不一定整除,不整除就再产生两个随机数,直到整除,并且除数不能为0;三是减法运算不能出现负数,这个相对简单,那么如果 a − b 是负数,是不是改为 b − a 就可以了? 请同学们实现。

```c
#include <stdio.h>
#include <math.h>
#include <stdlib.h>
#include <time.h>
int main(int argc, char *argv[])
{   int a,b,i,jg,ysf,fs =0; //jg 为输入结果变量,ysf 为运算符,fs 为分数
 srand((unsigned)time(NULL));
for(i =1;i <=10;i ++)
{a =(int)(rand()%100);
 b =(int)(rand()%99 +1);//1~100,因为作为除数,不能为 0
 ysf =(int)(rand()%4 +1);//1,2,3,4
    if(ysf ==1)
    {  printf("%d + %d = ",a,b);
        scanf("%d",&jg);
        if((a +b) ==jg)
        {fs =fs +10; }
    }
    else if(ysf ==2)
    {  if(a >b)
        {  printf("%d - %d = ",a,b);
          scanf("%d",&jg);
          if((a -b) ==jg)
          {fs =fs +10; }
        }
        else
        {  printf("%d - %d = ",b,a);
          scanf("%d",&jg);
          if((b -a) ==jg)
          {fs =fs +10; }
        }
    }
    else if(ysf ==3)
    {   printf("%d × %d = ",a,b);
        scanf("%d",&jg);
        if((a *b) ==jg)
        {fs =fs +10; }
    }
  else if(ysf ==4)
  {while(a%b! =0) //循环产生 a,b,直到 a%b ==0
```

```
{a = (int)(rand()%100);
 b = (int)(rand()%99 +1);}
printf("%d÷%d = ",a,b);
scanf("%d",&jg);
if((a/b) == jg)
  { fs = fs +10; }
 }
}
printf("你的得分为:%d 分 \n",fs);
return 0;
}
```

一次运算结果如图 5.9 所示。

案例 3: 编程实现乘法口诀表。

严老师:案例 3 和案例 4 是针对双重循环进行的练习,希望同学们搞明白。前面我们也遇到了双重循环,如案例 2。当不能整除时,循环产生两个数,循环之间没有直接的联系。我们仔细观察乘法口诀表,一共有 9 行 9 列,用变量 i 控制行,用变量 j 控制列。如果循环代码写为:

图 5.9　运行结果

```
for(i =1;i <=9;i ++)
  { for(j =1;j <=9;j ++)
    {
       printf("%d ×%d = %d   ",j,i,j * i);
    }
    printf("\n");
}
```

同学们看看是什么效果,这也是我们自然想到的。

小习:我敲好了,运行结果如图 5.10 所示。

图 5.10　运行结果

小羽:这与我们见到的乘法口诀表不一样,还没对整齐。

严老师:我们这个代码,没有观察乘法口诀表的规律,同学们有没有发现第一行是 1 列,第二是 2 列,第三行是 3 列,……这样我们发现什么规律?同学们请试着写一下代码。

```
#include <stdio.h>
int main(int argc, char *argv[])
{  int i,j;
   for(i =1;i<=9;i++)
     { for(j =1;j<=i;j++)
       {
          printf("%d ×%d = %2d",j,i,j*i);\\如果不写2d,看看结果什么样
       }
       printf("\n");
     }
   return 0;
}
```

运行结果5.11 所示。

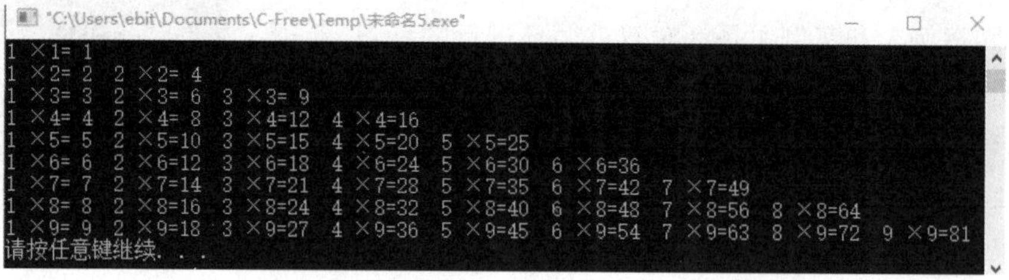

图 5.11　运行结果

案例4:编程实现如下结果:

```
*
***
*****
*******
*********
```

严老师:此案例与案例3类似,同学们也要仔细观察规律,一共5行,第一行是1列,第二行是3列,第三行是5列……结合案例3,同学们可以写一下代码。

```
#include <stdio.h>
int main(int argc, char *argv[])
{
    int i,j;
    for(i =0;i<5;i++)
      {for(j =1;j<=2*i+1;j++)
       {
         printf("*");
       }
       printf("\n");
      }
    return 0;
}
```

5.6 总结

本章主要讲解循环结构,掌握常用的三种循环,理解 while 循环和 do…while 循环的区别,掌握 for 循环三个语句的写法,理解 break 和 continue 的用法,循环语句的掌握是程序设计的一道坎,希望同学们多练习,迈过这道坎。

习题

一、选择题

1. for(i = 0;i < 10;i ++);结束后,i 的值是(   )。

A. 9   B. 10   C. 11   D. 12

2. 下面程序的循环次数是(   )。

```
int k = 0;
while(k < 10)
{if(k < 1)  continue;
if(k == 5)  break;
k ++ ;}
```

A. 5   B. 6

C. 4   D. 死循环,不能确定循环次数

3. 下面程序的输出结果是(   )。

```
int s,k;
for(s = 1,k = 2;k < 5;k ++ )
s + = k;
printf("%d\n",s);
```

A. 1   B. 9   C. 10   D. 15

4. 要使下面程序输出 10 个整数,则在下划线处填入正确的数是(   )。

```
for(i = 0;i <= _____;)
printf("%d\n",i + = 2);
```

A. 9   B. 10   C. 18   D. 20

5. 运行下面程序:

```
int i = 10,j = 0;
do{ j = j + i;
i -- ;}while(i > 5);
printf("%d\n",j);
```

输出结果是(　　)。

A. 45 　　　　　　B. 40 　　　　　　C. 34 　　　　　　D. 55

6. 运行下面程序：

```
int k=0,a=1;
while(k<10)
{for(;;)
  {if((k%10)==0)break;
   else k--;}
k+=11;a+=k;}
printf("%d %d\n",k,a);
```

则输出的结果是(　　)。

A. 21　32　　　　　　　　　　　　B. 21　33

C. 11　12　　　　　　　　　　　　D. 10　11

7. 以下叙述正确的是(　　)。

A. do…while 语句构成的循环不能用其他语句构成的循环来代替

B. do…while 语句构成的循环只能用 break 语句退出

C. 用 do…while 语句构成的循环,当 while 后的表达式为非零时结束循环

D. 用 do…while 语句构成的循环,当 while 后的表达式为零时结束循环

8. 有如下程序：

```
int x=3;
do{printf("%d",x--);}while(!x);
```

该程序的执行结果是(　　)。

A. 3 2 1　　　　　　　　　　　　B. 2 1 0

C. 3　　　　　　　　　　　　　　D. 2

9. 若 k 为整型变量,则下面 while 循环执行的次数为(　　)。

```
k=10;
while(k==0)  k=k-1;
```

A. 0 　　　　　　B. 1 　　　　　　C. 10 　　　　　　D. 无限次

10. 下面有关 for 循环的正确描述是(　　)。

A. for 循环只能用于循环次数已经确定的情况

B. for 循环是先执行循环体语句,后判断表达式

C. 在 for 循环中,不能用 break 语句跳出循环体

D. for 循环的循环体语句汇总,可以包含多条语句,但必须用花括号括起来

11. 对 for(表达式1;;表达式3),可理解为(　　)。

A. for(表达式1;0;表达式3)

B. for(表达式1;1;表达式3)

C. for(表达式 1;表达式 1;表达式 3)

D. for(表达式 1 表达式 2;表达式 3)

12. 若 i 为整型变量,则以下循环执行的次数是(　　　　)。

```
for(i=2;i==0;)printf("%d",i--);
```

A. 无限次　　　　　　B. 0 次　　　　　　C. 1 次　　　　　　D. 2 次

13. 以下循环体的执行次数是(　　　　)。

```
int i,j;
for(i=0,j=3;i<=j;i+=2,j--)
printf("%d\n",i);
```

A. 3　　　　　　　　B. 2　　　　　　　　C. 1　　　　　　　　D. 0

14. 执行以下程序后,输出结果是(　　　　)。

```
int y=10;
do {y--;}while(--y);
printf("%d",y--);
```

A. -1　　　　　　　B. 1　　　　　　　C. 8　　　　　　　D. 0

15. 以下程序的输出结果是(　　　　)。

```
int a,b;
for(a=1,b=1;a<=100;a++)
{if(b>=10) break;
if(b%3==1) {b+=3; continue;}
}
printf("%d",a);
```

A. 101　　　　　　　B. 3　　　　　　　C. 4　　　　　　　D. 5

二、判断题

1. do…while 循环语句中,根据情况可以省略关键字 while。　　　　　　　(　　)

2. do…while 循环语句至少无条件执行一次循环体。　　　　　　　　　　(　　)

3. for 循环语句先判断循环条件是否成立,然后再决定是否执行循环体。　(　　)

4. for 循环的三个表达式中间用逗号相分隔,并且不能省略。　　　　　　(　　)

5. while 循环语句和 do…while 循环语句在任何情况下都可以互换。　　　(　　)

6. for 循环的三个表达式中间用分号相分隔,第一个表达式执行一次。　　(　　)

7. continue 语句用于终止循环体的本次执行。　　　　　　　　　　　　　(　　)

8. break 语句能够终止当前进行的多层循环。　　　　　　　　　　　　　(　　)

9. continue 语句对于 while 和 do…while 循环来说,意味着转去计算 while 表达式。　(　　)

10. continue 语句在循环体中出现,其作用是结束本次循环,接着进行是否执行下一循环的判定。　　　　　　　　　　　　　　　　　　　　　　　　　　(　　)

三、编程题

1. 求 100 以内偶数的和。

2. 求 $1-2+3-4+\cdots+99-100$ 的和。

3. 编程实现石头剪刀布的人机对弈游戏(注释:1→石头、2→剪刀、3→布,不想玩时,输入 0 退出程序)。

4. 编程输出以下图案:

```
*
**
***
****
*****
****
***
**
*
```

5. 编程输出以下图案:

```
    *
   ***
  *****
 *******
*********
```

第 六 章

函 数

小习:羽同学,我们学了选择结构和循环结构,知道了程序语句的执行顺序,但是你有没有发现代码越写越多,有时候想借鉴之前写的代码,要找好久才能找到。不知道有没有比较快捷的办法找到我想要的那个功能代码。

小羽:我现在正在编写程序输出 1～100 的素数,你的问题是要判断输入的数是不是素数吗? 我们俩的问题很类似。

小习:是的,我想起来之前学过的随机函数,函数好像是可以重复使用的代码,如果我这个代码写好了,不是可以直接给你用吗? 你就不用再写一遍了。

小羽:听上去很有道理,我们一起上课问问老师去。

通过前面的学习可知,函数其实是一些代码组合在一起,实现某个特定的功能。数学中的"函数"和 C 语言中的函数不完全相同,在 C 语言中,函数不一定要有参数,也不定要返回一个结果。

现实生活中,如果遇到复杂问题,通常会把复杂问题分解成若干个比较容易求解的简单问题,然后分别求解。程序员设计复杂程序的时候,也会采取这个思路,逐步分解,分而治之,也是把整个程序划分为若干功能较为单一的程序模块,然后分别实现,最后再把所有的程序模块像搭积木一样装配起来,这种在程序设计中分而治之之策略,称为模块化程序设计方法。在 C 语言中,函数是程序的基本组成单位,因此可以很方便地用函数作为程序模块来实现 C 语言程序。

6.1 函数的定义

利用函数,不仅可以实现程序的模块化,程序设计得简单、直观,提高了程序的易读性和可维护性,还可以把程序中普遍用到的一些计算或操作编成通用的函数,以供随时调用,这样可以大大减轻程序员的代码工作量。函数定义的一般形式是:

```
函数的返回值类型 函数的名字(函数的形参列表)   //函数首部
{
    函数的执行体
}
```

比如定义如下函数 max：

```
double max(double x, double y)
{
    double m;
    m = x > y? x:y;
    return m;
}
```

函数的返回值定义了函数中 return 语句返回值的类型,该返回值可以是任何有效类型。如果没有类型说明符出现,函数返回一个整型值。函数的形参列表是一个用逗号分隔的变量表,并规定了各个参数变量的类型,当函数被调用时,这些变量接收调用参数的值。一个函数可以没有参数,这时函数表是空的。但即使没有参数,括号仍然是必须要有的。函数的执行体可以是若干个语句,也可以为空,但是大括号仍然是必需的。

6.1.1 返回语句

"return 表达式"的含义：

①终止被调函数,向主调函数返回表达式的值。

②如果表达式为空,则只终止函数,不向主调函数返回任何值。

③break 是用来终止循环和 switch 的,return 是用来终止函数的。

return 含义举例：

```
1  void fun()
2  {
3      return;   //return 只用来终止函数,不向主调函数返回任何值
4  }
5  int fun()
6  {
7      return 10;   //第一,终止函数;第二,向主调函数返回 10
8  }
```

测试 return 与 break 的差别,请思考下列程序的输出结果是什么。

```
1   #include <stdio.h>
2   void f(void)
3   {
4      int i;
5      for (i = 0; i < 5; ++i)
6      {
7          printf("首长好!\n");
8          return;
9      }
10     printf("同志们辛苦了!\n");
11  }
```

```
12   int main(void)
13   {
14       f();
15       return 0;
16   }
```

输出结果：

首长好！

严老师：对比函数定义的语法与举例，大家可以看出什么呢？什么是函数的本质呢？

小习：函数是个工具，它是为了解决大量类似问题而设计的。

小羽：函数是能够实现某个特定功能的具体方法，方法的实现步骤写在了函数体里面。

严老师：你们总结得非常好。函数可以当作一个黑匣子，是能够完成特定功能的独立的代码块。

焦工：函数可以把相对独立的某个功能抽象出来，使之成为程序中的一个独立实体。可以在同一个程序或其他程序中多次重复使用。

小习、小羽：记住老师的教诲了，函数避免了重复性操作，有利于程序的模块化。

6.1.2　函数的类型

函数返回值的类型也称为函数的类型。函数的类型说明符告诉编译程序它返回什么类型的数据。这个信息对于程序能否正确运行关系极大，因为不同的数据有不同的长度和内部表示。如果函数名前的返回值类型和函数执行体中的"return 表达式；"中的表达式的类型不同，则最终函数返回值的类型以函数名前的返回值类型为准。比如：

```
1   int f()
2   {
3       return 10.5;    //因为函数的返回值类型是 int
4       //所以最终 f 返回的是 10,而不是 10.5
5   }
```

虽然除了空值函数以外的所有函数都返回一个值，我们却不必非得去使用这个返回值。有关函数返回值的一个常见问题是：既然这个值是被返回的，那么是不是必须把它赋给某个变量？回答是：不必。如果没有用它赋值，那么它就被丢弃了。请看下面的程序，它使用了cube()函数。cube()函数定义为 int cube(int x, int y, int z){…}。

```
1   #include<stdio.h>
2   int cube(int a,int b,int c) //函数定义
3   {
4       int ans;
5       ans =(a*a*a)+(b*b*b)+(c*c*c);
6       return ans;
```

```
7    }
8    int main()//主函数
9    {
10       int x,y,z,ans;
11       x =10,y =10,z =10;
12       ans =cube(x,y,z);//(1)
13       printf("%d", cube(x,y,z));//(2)
14       cube(x,y,z);////(3)
15       return 0;
16   }
```

在第 12 行中,cube( )的返回值被赋予 ans;在第 13 行中,返回值实际上没有赋给任何变量,但被 printf( )函数所使用。最后,在第 14 行中,返回值被丢弃不用,因为既没有把它赋给第一个变量,也没有把它用作表达式中的一部分。

6.1.3　函数的调用

定义函数的目的就是复用代码,因此,只有在程序中调用函数,才能实现函数的功能。源程序是 main( )函数开始执行的,而自定义函数的执行,是通过对自定义函数的调用来实现的。当自定义函数结束的时候,从自定义函数结束的位置返回到主函数中的调用处继续执行,直到主函数结束。

例题 6.1:计算 1~6 的平方及平方和。

```
1    #include <stdio.h>
2    #include <math.h>
3    void header();//函数声明
4    void square(int number);//函数声明
5    void ending();//函数声明
6    int sum;//全局变量
7    int main()//主函数
8    {
9        int i;
10       header();//开始
11       for(i =1;i <=6;i ++)
12           square(i);
13       ending();//结束
14       return 0;
15   }
16   void header()//函数定义
17   {
18       sum = 0;
19       printf("平方程序开始 \n");
20   }
21   void square(int number) //函数定义
```

```
22  {
23      int temp;
24      temp = number * number;
25      sum + = temp;
26      printf("%d 的平方是:%d\n", number,temp);
27  }
28  void ending()//函数定义
29  {
30      printf("\n 平方和是:%d\n", sum);
31  }
```

输出结果:

```
平方程序开始
1 的平方是:1
2 的平方是:4
3 的平方是:9
4 的平方是:16
5 的平方是:25
6 的平方是:36

平方和是:91
请按任意键继续…
```

6.2　有参函数

根据函数的参数形式,分为有参函数与无参函数。有参函数的定义形式是:

```
函数的返回值类型 函数的名字(函数的形参列表)   //函数首部
{
    函数的执行体
}
```

形参列表就是形式参数表列,在其中给出的参数称为形式参数(即形参),它们可以是各种类型的变量,各参数之间用逗号隔开,在进行函数调用的时候,调用函数将赋予这些形参实际的值。形参列表的格式如下:

```
类型 1 形参 1,类型 2 形参 2,…,类型 n 形参 n
```

每个形参前面的类型必须分别写明,例如函数 cube 的形参不能写为:

```
int cube(int a, b, c)
```

例题 6.2:有参函数举例:

```
1    #include <stdio.h>
2    int cube(int a,int b,int c) //自定义函数
3    {
4        int ans;
5        ans =(a*a*a)+(b*b*b)+(c*c*c);
6        return ans;
7    }
8    int main()//主函数
9    {
10       int x,y,z,a,b,c,ans1,ans2;
11       x =3,y =4,z =5;
12       a =1,b =2,c =3;
13       ans1 =cube(x,y,z);//调用函数 cube,参数是3,4,5
14       ans2 =cube(a,b,c);//调用函数 cube,参数是1,2,3
15       printf("ans1 =%d,ans2 =%d\n", ans1,ans2);//打印
16       return 0;
17   }
```

输出结果:

```
ans1 =216,ans2 =36
请按任意键继续…
```

严老师:从例题6.1和例题6.2的运行结果可以看出什么呢?

小习:函数调用的时候,如果没有声明函数,那么要将函数定义放在函数调用的前面。比如例题6.1的第2行是函数定义,第12行是函数调用,定义在调用前。

小羽:例题6.1的 header 函数定义是在第16行,在函数调用(第10行)的后面,但是它又在第3行提前做了函数声明。

严老师:你们总结得非常好。例题6.2是更推荐的用法,可以将需要用到的函数放在main 函数的前面进行声明,自定义函数的定义放在 main 函数的后面。那你们知道函数调用的时候,系统主要做了什么事情吗?

小习、小羽:不知道。

焦工:调用函数的时候,主要经过了以下几个步骤:第一,对被调函数的所有形参分配内存,再计算实参的值,并对应地赋予相应的形参,对于无参函数,不做此项工作;第二,对函数说明部分定义的变量分配存储空间,再依次执行函数的可执行语句,当执行到 return 表达式后,再计算返回值,如果没有返回值的函数,就不做这项工作;第三,释放在本函数中定义的变量所占用的存储空间,返回主调函数继续执行。

小羽:例题6.2中,cube 函数是将实参 x, y, z 的值分别赋给形参 a, b, c,然后将平方和的结果存储到 ans 变量中,最后通过 return 语句返回到主调函数 main 中。

严老师:函数调用时,实参的值传递给形参。C 语言中提供了两种参数传递数据的方式:

按值传递和按地址传递。我们接下来举例说明。

例题 6.3：用函数实现交换两个变量的值。

```
1    #include <stdio.h>
2    int swap(int a,int b) //交换两个变量的值
3    {
4        int temp;
5        printf("[swap]交换前:a=%d,b=%d\n", a, b);
6        temp=a;a=b;b=temp;
7        printf("[swap]交换后:a=%d,b=%d\n", a, b);
8    }
9    int main()//主函数
10   {
11       int x,y;
12       x=3,y=4;
13       printf("[main]交换前:x=%d,y=%d\n", x, y);
14       swap(x,y);
15       printf("[main]交换后:x=%d,y=%d\n", x, y);
16       return 0;
17   }
```

输出结果：

```
[main]交换前:x=3,y=4
[swap]交换前:a=3,b=4
[swap]交换后:a=4,b=3
[main]交换后:x=3,y=4
请按任意键继续…
```

按值传递就是指函数调用的时候,把实参的值传递给被调函数的形参,形参值的变化不会影响实参的值,这是一种单向的数据传送方式。当实参是变量、常量、表达式或数组元素,形参是变量名时,函数传递数据采用的是按值传递。

例题 6.3 中,程序执行到第 14 行调用函数 swap(x,y);语句时,将实参 x,y 的值传递给形参 a,b,函数体中形参 a,b 的值发生了改变,而返回到 main() 函数中,实参 x,y 的值并未改变。通过图 6.1 说明函数调用时数据的传递。

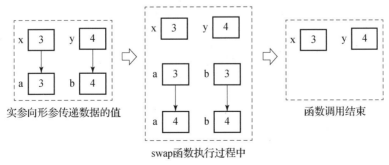

图 6.1 函数调用过程中数据的传递

函数调用时,数据还可以按地址传递,当函数的形参为数组或指针类型时,参数调用的传递方式为按地址传递。由于传递的是地址,是形参与实参共享相同的存储单元,这样通过形参可以直接引用或者处理该地址中的数据,达到改变实参值的目的。

例题 6.4:一维数组做函数参数。

程序说明:数组中存放了 7 个正整数,要求调用函数将数组中的数重新排列。排列的方法是将奇数放在数组的左部,偶数放在数组的右部。

```
1    #include<stdio.h>
2    void range(int b[],int n) //函数首部,形参 b 为数组,n 为数组长度
3    {
4        int i,j,k,temp;
5        printf("\n\n******* range 函数中 ****** \n");
6        printf("重排前:\n");
7        for(i=0;i<7;i++)
8            printf("%d ",b[i]);
9        for(i=0,j=n-1;i<j;)
10       {  if(b[i]%2==0) //若是奇数,则将其移到右部
11          {  temp=b[i];
12             for(k=i;k<j;k++)
13                 b[k]=b[k+1];
14             b[j]=temp;
15             j--; //奇数移到右部后,将下标 -1
16          }
17          else
18             i++; //若是偶数,则将下标 +1
19       }
20       printf("\n重排后:\n");
21       for(i=0;i<7;i++)
22           printf("%d ",b[i]);
23       printf("\n******* range 函数中 ****** \n");
24   }
25   int main()
26   {
27       int a[7]={21,4,8,5,11,9,12},i;
28       printf("【main】排列前:\n");
29       for(i=0;i<7;i++)
30           printf("%d ",a[i]);
31       range(a,7); //调用函数重新排列
32       printf("\n【main】重新排列后:\n");
33       for(i=0;i<7;i++)
34           printf("%d ",a[i]);
35       return 0;
36   }
```

输出结果:

```
【main】排列前:
21 4 8 5 11 9 12

******* range 函数中 ******
重排前:
21 4 8 5 11 9 12
重排后:
21 5 11 9 12 8 4
******* range 函数中 ******

【main】重新排列后:
21 5 11 9 12 8 4 请按任意键继续...
```

严老师:从运行结果可以看出什么呢?

小习:程序定义了一个函数 range( ),第一个形参为整型数组 b,第二个形参是数组的长度。函数的功能是对数组的元素重新排列。排列前和排列后,数组 a 与数组 b 中的元素都是一样的。

严老师:大家观察得很正确。主函数 main( )中,数组名 a 与数组的长度作为实参传递给 range( )函数,因为数组名相当于数组的首地址,所以其实是将 a 的地址传递给了形参数组 b,数组并没有被复制,a 和 b 的首地址相同,所以是相同的存储单元。数组传递后的内存单元映像如图 6.2 所示,由函数 range( )实现数组元素的重新排列,调用返回后,数组 a 的元素也重新排列。从运行结果可以看出,程序实现了所要求的功能。

数组a	内存单元	数组b
a[0]	21	b[0]
a[1]	4	b[1]
a[2]	8	b[2]
a[3]	5	b[3]
a[4]	11	b[4]
a[5]	9	b[5]
a[6]	12	b[6]

图 6.2 数组做参数传递后的内存单元映像

小羽:老师,range( )函数中的第二个参数可以省略吗? 数组的长度不是可以用 strlen(b)获取吗?

焦工:例题 6.4 中,可以在第 5 行后面加入一个语句测试:printf("% d\n" ,strlen(b)) ; 。

输出数组 b 的长度是 1,为什么呢? 数组名当作函数参数传递时,是当作一个指针,传递的是数组的首地址,因为没有对数组进行复制,所以并不知道数组的长度。此处,range( )函数中的第二个参数不可以省略。

小习、小羽:谢谢老师的教诲。

例题 6.5:二维数组做函数参数。

```
1    #include <stdio.h>
2    int minArray(int a[][5]);//声明用到的函数
3    int main()
4    {
5        int a[3][5]={{3,5,2,6,3},{1,9,4,1,5},{2,12,7,9,2}};
6        printf("最小元素为:%d",minArray(a));
7        return 0;
8    }
9    int minArray(int b[][5])  //定义函数,求数组的最小值
10   {
11       int i,j,min;
12       min=b[0][0];
13       for(i=0;i<3;i++)
14           for(j=0;j<5;j++)
15               if(b[i][j]<min)
16                   min=b[i][j];
17       return min;
18   }
```

输出结果:

```
最小元素为:1
```

程序说明:main()函数中定义了一个二维数组 a,调用 minArray()函数,并将数组 a 作为实参传递给形参数组 b,此时形参数组 b 和实参数组 a 的值是一样的,也就是 a 和 b 的首地址是一样的,它们指向了相同的存储单元。minArray()函数中求出最小值元素,使用 return 语句将其返回。

例题 6.6:数组元素做函数参数。

程序说明:输出数组元素中的素数。

```
1    int IsPrime(int val)
2    {  //判断素数的函数
3        int i;
4        for (i=2; i<val; ++i)
5        {
6            if (val%i == 0)
7            break;
8        }
9        if (i == val)
10           return 1;//是素数
11       else
12           return 0; //不是素数
13   }
```

```
14    int main(void)
15    {
16        int i,a[10] = {11,12,13,14,15,16,17,18,19,20};
17        for(i = 0;i < 10;i ++){
18              if (IsPrime(a[i]))
19                    printf("%d ", a[i]);
20        }
21        return 0;
22    }
```

输出结果:

11 13 17 19

严老师:用数组名做函数参数和用数组元素做参数,有哪些不同呢?

小习:用数组元素做实参时,数组类型和函数的形参变量的类型需要保持一致。

小羽:用数组元素做函数参数时,数据是传值传递,而用数组名做函数参数时,是地址传递。

严老师:没错,对数组元素的处理是按照简单变量来对待的,用数组名做函数参数时,则要求形参与相对应的实参都必须是相同类型的数组。当形参和实参的类型不一致的时候,会发生错误。

小习:形参数组和实参数组的名称可以相同吗?

焦工:名称可以不相同,但是类型必须一致。

小羽:形参数组和实参数组的长度可以不相同吗?

焦工:可以不相同,因为函数调用时,实参传递的是首地址,并不会检查数组的长度。

严老师:当形参数组的长度与实参数组不相同时,虽然不会出现语法错误,就是说编译可以通过,但是不提倡这样使用。在形参列表中间允许不给出形参数组的长度,但是可以增加一个变量形参来表示数组元素的个数。

小习:二维数组作为函数的参数时,形参数组第一维的长度和第二维的长度都可以省略吗?

焦工:第一维的长度可以省略,但第二维的长度不能够省略。

小习、小羽:谢谢老师,我们要记住函数调用时,实参的数据传递给形参是单向的,如果实参是数组名,则形参和实参数组共享内存单元,如果实参是普通的变量,则形参值的改变不会影响实参。

6.3　无参函数

无参函数的定义形式是:

```
函数的返回值类型 函数的名字()   //函数首部
{
   函数的执行体
}
```

或

```
函数的返回值类型 函数的名字(void)   //函数首部
{
   函数的执行体
}
```

说明:对于函数返回值的类型,如果省略,则默认为 int。void 表示函数没有参数。函数的执行体是由执行语句组成的。函数的功能正是由这些语句实现的。函数体可以为空,即空函数,空函数不产生任何有效操作。一般情况下,无参函数不会有返回值,此时函数的返回值类型为 void。使用 void 其实是告诉调用者,不是忘记了返回值,而是故意抛弃返回值的。

例题 6.7:无参函数举例。

程序说明:根据用户的选择,求不同形状的面积。

```
1   #include < stdio.h >
2   void AreaOfRect();  //长方形
3   void AreaOfTriangle();  //三角形
4   void AreaOfRound();  //圆形
5   int main()
6   {
7       int select;
8       do  {
9         printf(" 0.退出 \n 1.长方形 \n 2.三角形 \n 3.圆形 \n");
10        printf("请选择功能:");
11        scanf("%d",&select);
12        if(select == 0)     break;
13        switch(select)  {
14         case 1:AreaOfRect(); break; //长方形
15         case 2:AreaOfTriangle(); break; //三角形
16         case 3:AreaOfRound(); break; //圆形
17         default:printf("输入有误,请在 0 ~ 3 之间选择。\n");
18         }
19       }while(1);
20       return 0;
21   }
22   void AreaOfRect()
23   {
24       int x,y;
25       printf("请输入长方形的长:");
26       scanf("%d",&x);
27       printf("请输入长方形的宽:");
28       scanf("%d",&y);
29       printf("面积为:%d \n",(x * y));
30   }
```

```
31   void AreaOfRound()
32   {
33       int r;
34       printf("请输入圆形的半径:");
35       scanf("%d",&r);
36       printf("面积为:%.1f\n",3.14*r*r);
37   }
38   void AreaOfTriangle()
39   {
40       int x,y;
41       printf("请输入三角形的底:");
42       scanf("%d",&x);
43       printf("请输入三角形的高:");
44       scanf("%d",&y);
45       printf("面积为:%.1f\n",(x*y)/2.0);
46   }
```

输出结果:

```
 0.退出
 1.长方形
 2.三角形
 3.圆形
请选择功能:1
请输入长方形的长:3
请输入长方形的宽:4
面积为:12
 0.退出
 1.长方形
 2.三角形
 3.圆形
请选择功能:2
请输入三角形的底:10
请输入三角形的高:4
面积为:20.0
 0.退出
 1.长方形
 2.三角形
 3.圆形
请选择功能:3
请输入圆形的半径:5
面积为:78.5
```

```
0.退出
1.长方形
2.三角形
3.圆形
请选择功能:0
请按任意键继续…
```

6.4 变量的作用域

6.4.1 局部变量与全部变量

程序中变量也有不同的使用范围,称为变量的作用域。变量的作用域决定变量的可访问性。局部变量是在一个函数内部定义的变量或函数的参数,只能在本函数内部使用。全局变量是在函数外部定义的变量,使用范围是从定义位置开始到整个程序结束。

局部变量的注意事项:

①主函数 main( )中定义的变量只在主函数中有效。主函数也不能使用其他函数中定义的变量。

②形参也是局部变量。在函数调用时为其分配内存,退出函数时将释放所占内存。

③不同的函数或复合语句中可使用同名的变量,但它们不是同一变量,它们在内存中占不同的单元。

④复合语句内也可以定义变量,其作用域仅限于该复合语句内。

⑤编译系统并不检查函数名与局部变量是否同名。

```
int fun( int n){int fun }//函数名与局部变量同名
```

全局变量的注意事项:

①同一作用域范围内只能定义一次全局变量,定义的位置在所有函数之外,系统根据全局变量的定义分配存储单元,对全局变量的初始化在定义时进行。定义全局变量的最佳位置是在程序的顶部。(例题6.9)

②如果全局变量与局部变量同名,则在局部变量的作用范围内,全局变量不起作用。(例题6.10)

③同一源程序文件中的函数是可以共用全局变量的,全局变量的有效范围是从定义全局变量的位置开始到该源文件结束。如果全局变量还没有定义,而某个函数又想引用该全局变量,则需要在该函数中用关键字 extern 作外部变量声明。

④由于全局变量可以被多个函数直接引用或修改,因此全局变量是函数间进行数据传递的渠道之一。

⑤大量使用全局变量时,不可知的和不需要的副作用将可能导致程序错误。如在编制大型程序时,有一个重要的问题:变量值都有可能在程序其他地方偶然改变。

例题 6.8：分析下列程序的输出结果。

```
1    #include <stdio.h>
2    int f(int x)//第一次调用时,x=1,第二次调用时,x=2
3    {
4         if (x==1)//如果形参 x 等于1,则执行复合语句
5         {    //复合语句开始
6              int x=3;//定义新的 x 变量并赋值为3,只在本复合语句中有效
7              return x;//把复合语句中 x 的值返回给调用函数,释放 x
8         }    //复合语句结束
9         else
10             return x;//把形参 x 的值返回给调用函数
11   }
12   int main()
13   {
14        int x = 0;
15        printf("x=%d,f(1)=%d,f(2)=%d\n",x, f(1),f(2));//输出
16        return 0;
17   }
```

输出结果：

```
x=0,f(1)=3,f(2)=2
```

例题 6.9：分析下列程序的输出结果。

```
1    #include <stdio.h>
2    int k = 1000;   //全局变量
3    void g()
4    {
5         printf("k = %d\n", k); //输出
6    }
7    void f(void)
8    {
9         k = 20; //修改全局变量的值
10        g(); //调用 g 函数
11        printf("k = %d\n", k);//输出
12   }
13   int main(void)
14   {
15        k = 30; //修改全局变量的值
16        g();//调用 g 函数
17        f();//调用 f 函数
18        return 0;
19   }
```

输出结果：

```
k = 30
k = 20
k = 20
```

例题 6.10：分析下列程序的输出结果。

```
1    //全局变量和局部变量命名冲突的问题
2    #include <stdio.h>
3    int i = 99;
4    void f(int i)
5    {
6        printf("i = %d\n", i);
7    }
8
9    int main(void)
10   {
11       f(8);
12       return 0;
13   }
```

输出结果：

```
i = 8
```

例题 6.11：分析下列程序的输出结果。

```
1    #include <stdio.h>
2    void fun()
3    {
4        extern int x, y;//外部变量声明
5        int a = 2, b = 1;
6        x + = a - b;
7        y - = a + b;
8    }
9    int x, y;//定义全局变量
10   int main()
11   {
12       int a = 1, b = 2;
13       x = a + b;
14       y = a - b;
15       fun();//函数调用
16       printf("%d, %d\n", x, y);
17       return 0;
18   }
```

输出结果：

```
4, -4
```

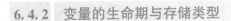

6.4.2　变量的生命期与存储类型

根据变量的作用域,可以将变量分为全局变量和局部变量;而根据变量的生命期,可以将变量的存储类别分为动态存储变量及静态存储变量。静态存储方式是指在程序运行期间分配固定的存储空间的方式。动态存储方式是指在程序运行期间,根据需要进行动态分配存储空间的方式。

动态存储区用于存放函数的形参、局部变量;静态存储区则用于存放全局变量和静态变量。变量存放在何处决定了变量的生存期。用变量的存储类型说明来确定变量的存放位置。带有存储类型的变量定义的一般形式为:

> 存储类型　数据类型　变量名;

动态存储变量的定义形式为在变量定义的前面加上关键字"auto",例如:

> auto intx, y;

"auto"也可以省略不写。所以,我们经常使用的变量均为省略了关键字"auto"的动态存储变量。有时为了提高速度,可以将局部的动态存储变量定义为寄存器型的变量,定义的形式为在变量的前面加关键字"register",例如:

> register int x, y;

这样的好处是:变量的值无须存入内存,只需保存在 CPU 内的寄存器中,以使速度大大提高。由于 CPU 内的寄存器数量是有限的,不可能被某个变量长期占用,因此,一些操作系统对寄存器的使用做了数量的限制,或多或少,或根本不提供,而用自动变量来替代。

在编译时,分配存储空间的变量称为静态存储变量,其定义形式为在变量定义的前面加上关键字"static",例如:

> static intm = 1;

定义的静态存储变量无论是做全局变量还是局部变量,其定义和初始化都在程序编译时进行。作为局部变量,调用函数结束时,静态存储变量不消失,并且保留原值。

对于静态局部变量和自动变量,注意以下几点:

①自动变量如果没有赋初值,其初值是不确定的;若在定义静态局部变量时不赋初值,编译时系统自动赋初值0,并且赋初值只在函数第一次调用时起作用,以后调用时,其值为前一次调用保留的值。

②静态局部变量在编译时赋初值,即只赋一次初值;而对自动变量赋初值是在函数调用时进行的,每调用一次函数,重新赋一次初值。

③静态变量和全局变量一样,属于变量的特殊用法,若没有静态保存的要求,不建议使用静态变量。

例题 6.12:静态变量。

```
1    #include <stdio.h>
2    int fun(int x)
3    {
4        static int y = 0;  // int y = 0;
5        y ++;
6        return(x * y);
7    }
8    int main()
9    {
10       int a =10,i;
11       for(i =0;i <3;i ++)
12           printf("%3d",fun(a));
13       return 0;
14   }
```

输出结果：

10 20 30

6.5 案例

例题 6.13：递归调用。

问题：有 5 个人坐在一起，问第 5 个人多少岁，他说比第 4 个人大两岁。问第 4 个人岁数，他说比第 3 个人大两岁。问第 3 个人岁数，他说比第 2 个人大两岁。问第 2 个人岁数，他说比第 1 个人大两岁。最后问第 1 个人，他说是 10 岁。请问第 5 个人多大？

```
1    #include <stdio.h>
2    int age(int);
3    int main()
4    {
5        printf("第 5 个人的年龄是:%d\n", age(5));
6        return 0;
7    }
8    int age(int n)
9    {
10       int c;
11       if(n ==1)   c =10;
12       else c =age(n -1) +2;
13       return c;
14   }
```

输出结果：

第 5 个人的年龄是:18

例题 6.14：编写一个程序，实现输入圆的半径后，输出圆的周长、面积、同半径的球的体积。

注意要点：

①函数部分都是用有参数、有返回值的函数。

②主函数调用函数进行计算。

③计算结果保留 3 位小数。

④π 作为常量，它的值限定为 3.14。

⑤圆周长 = $2\pi r$。

⑥圆面积 = πr^2。

⑦球体积 = $\dfrac{4}{3}\pi r^3$。

```c
1    #include "stdio.h"
2    #define pai 3.14
3    double circum(double r); //周长
4    double area(double r); //面积
5    double volume(double r); //体积
6
7    int main(void)
8    {
9        double r;
10       printf("请输入半径的值:\n");
11       scanf("%lf", &r);
12       printf("该半径对应的圆周长是:%.3lf\n", circum(r));
13       printf("该半径对应的圆面积是:%.3lf\n", area(r));
14       printf("该半径对应的圆体积是:%.3lf\n", volume(r));
15       return 0;
16   }
17   double circum(double r)
18   {
19       return 2 * pai * r;
20   }
21   double area(double r)
22   {
23       return pai * r * r;
24   }
25   double volume(double r)
26   {
27       return 4.0 /3 * pai * r * r * r;
28   }
```

输出结果：

```
请输入半径的值:
10
该半径对应的圆周长是:62.800
该半径对应的圆面积是:314.000
该半径对应的圆体积是:4186.667
```

例题 6.15：编写程序，求 100~300 之间所有的素数。

注意要点：

①函数返回值、参数不做要求，个人确定。

②判断出素数之后，需要输出该值。

③每行输出 10 个素数，超过 10 个则另起一行。

```
1    #include "stdio.h"
2    int IsPrime(int m)
3    {
4        int i;
5        for (i = 2; i < m; ++i)
6        {
7            if (0 == m%i)break;
8        }
9        if (i == m)
10           return 1;
11       else
12           return 0;
13   }
14
15   int main(void)
16   {
17       int i,num = 0;
18       printf("100 到 300 之间的所有素数是: \n");
19       for (i = 100; i <= 300; ++i)
20       {
21           if (IsPrime(i) )
22           {
23               printf("% - 5d", i);
24               num ++ ;
25               if(num%10 == 0)
26                   printf(" \n");
27           }
28       }
29       printf(" \n");
30       return 0;
31   }
```

输出结果：

```
100 到 300 之间的所有素数是:
101   103   107   109   113   127   131   137   139   149
151   157   163   167   173   179   181   191   193   197
199   211   223   227   229   233   239   241   251   257
263   269   271   277   281   283   293
```

例题 6.16：编写函数 num_digits(n)，使得函数返回正整数 n 中数字的个数。

提示：为了确定 n 中数字的个数，把这个数反复除以 10，除法的次数表明了 n 最初拥有的数字的个数。

```
1    #include "stdio.h"
2    int num_digits(int n)
3    {
4        int i = 0;
5        while(n) //等价于 while(n!=0)
6        {
7            n = n /10;
8            i ++;
9        }
10       return i;
11   }
12   //编写主函数,测试 num_digits()函数
13   int main()
14   {
15       int x;
16       scanf("%d", &x); //输入
17       printf("位数:%d\n", num_digits(x) ); //调用函数,并将函数的返回值输出
18       return 0;
19   }
```

输出结果:

```
895
位数:3
```

例题 6.17:字符串的显示及反向显示。

```
1    #include "stdio.h"
2    #include < string.h >
3    void charDisplay(char str[], int index);//函数声明
4    //编写主函数测试 num_digits()函数
5    int main()
6    {
7        char str[100];//定义字符数组
8        int i = 0; //
9        strcpy(str,"This is a string.");//字符串复制
10       charDisplay(str,i); //函数调用
11       return 0;
12   }
13   void charDisplay(char str[], int i)//函数定义
14   {
15       if(str[i])
16       {
17           printf("%c",str[i]);//输出字符
18           charDisplay(str, i +1);//递归调用
19           printf("%c", str[i]);//输出字符
20       }
21   }
```

输出结果:

```
This is a string..gnirts a si sihT
```

这是一个递归函数调用的例子。程序中函数 charDisplay( )的功能是显示一个字符串后反向显示该字符串。

例题 6.18:模拟 ATM 机存取操作项目。

已知输入银行卡密码,如果密码正确,则显示操作界面,循环提醒"请输入操作选项"。其中,1 键表示"查询余额"功能,2 键表示"取款"功能,3 键表示"存款"功能,4 键表示"退卡"功能,5 键表示"返回"功能;如果密码错误,则提醒"密码错误,请重新输入!"。

自定义函数如下:

```
int login(int pwd);//密码验证函数
void show();//界面显示函数
void query();//查询余额函数
void draw();//取款函数
void save();//存款函数
int amount =50000;   ////定义全局变量,账户金额
```

完整案例代码如下:

```
1    #include "stdio.h"
2    #include "stdlib.h"
3    //定义全局变量
4    int amount =50000;   //账户金额
5
6    int login(int pwd);//密码验证函数
7    void show();//界面显示函数
8    void query();//查询余额函数
9    void draw();//取款函数
10   void save();//存款函数
11
12   //密码验证函数
13   int login(int pwd)
14   {
15       if(pwd ==123456)
16           return 1;    //密码正确,返回1
17       else
18           return 0;    //密码错误,返回0
19   }
20   //界面显示函数
21   void show()
22   {
23       printf("中国建设银行 ATM \n");
24       printf(" ---------------------------------------- \n");
25       printf(" 1.查询余额 2.取款 3.存款 4.退卡 5.返回 \n");
26       printf(" ---------------------------------------- \n");
27   }
28   //查询余额函数
```

```
29    void query()
30    {
31        printf("账户余额:%d 元 \n",amount);
32    }
33    //取款函数
34    void draw()
35    {
36        int money;
37        printf("请输入取款金额:");
38        scanf("%d",&money);
39        amount = amount - money;
40        printf("取款完成! \n");
41    }
42    //存款函数
43    void save()
44    {
45        int money;
46        printf("请输入存款金额:");
47        scanf("%d",&money);
48        amount = amount + money;
49        printf("存款完成! \n");
50    }
51    void main()
52    {
53        int pwd,flag =1,select;
54        printf("请输入密码:");
55        scanf("%d",&pwd);
56        if(login(pwd) ==1)      //调用密码验证函数
57        {
58            system("cls");    //清屏
59            show();           //调用界面显示函数
60            while(flag ==1)   //操作循环执行
61            {
62
63            printf("请输入操作选项:");
64            scanf("%d",&select);
65            switch(select)                    //判断选项
66            {
67                case 1:query();break;    //调用查询余额函数
68                case 2:draw();break;     //调用取款函数
69                case 3:save();break;     //调用存款函数
70                case 4:flag =0;          //终止 while 循环,退卡
71                case 5:system("cls");show();//返回
72            }
73
74            }
75        }
76        else
77            printf("密码错误,请重新输入! \n");
78    }
```

输出结果如图 6.3 所示。

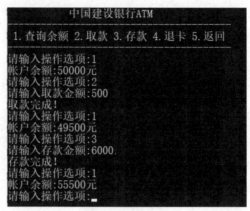

图 6.3　运行结果

小习:C 语言允许函数定义嵌套吗？

严老师:不允许。C 语言不允许一个函数的定义出现在另一个函数体中间,这个限制可以使编译器简单化。

小羽:我有点不明白为什么要提供函数声明,只要把所有函数的定义放置在 main 函数的前面不就没有问题了吗？

焦工:错,首先你是假设只有 main 函数调用其他函数,当然,这是不切实际的,实际上,某些函数将会相互调用。如果把所有的函数定义放在 main 的上面,就必须仔细地斟酌它们之间的顺序,因为调用未定义的函数可能会导致大问题,但是问题还不止这些。假设有两个函数相互调用,无论先定义哪个函数,都将导致对未定义的函数的调用。但是还有更麻烦的,一旦程序达到一定的规模,在一个文件中放置所有的函数是不可行的。当遇到这种情况时,就需要用函数声明告诉编译器在其他文件中定义的函数。

小习:可以把函数的声明放在另一个函数体内吗？是否合法呢？

严老师:合法,示例说明:

```
int main(void)
{
    float average(float a, float b);
}
```

average 函数的这个声明,只有在当前函数体内是有效的。如果其他函数需要调用 average 函数,那么它们每一个都需要声明它。这种做法的好处是,便于阅读程序的人弄清楚函数间的调用关系。另外,如果几个函数需要调用同一个函数,添加或者移除声明可能会很麻烦。基于这些原因,推荐把函数声明放在函数体外。

小羽:如果函数 F1 调用了函数 F2,而函数 F2 又调用了函数 F1,这样合法吗？

焦工:是合法的。这是一种间接递归调用,函数 F1 的一次调用导致了另一次调用,但是必须确保函数 F1 和函数 F2 最终都可以终止。

小习、小羽:谢谢老师的教诲。

6.6 总结

本章主要讲解了函数的定义、函数的调用、变量的作用域与变量的生命期,通过函数和变量的学习可以完成复杂的问题。函数是程序中的一个相对独立的单元或模块,程序在需要时,可以任意多次地调用函数来完成特定功能。使用函数可以使程序更清晰、易维护、分模块,方便设计与开发,提高代码的重用性。C 语言提供了极为丰富的内置函数,这些内置函数分门别类地放在不同的头文件中,要使用这些内置函数,只要在程序前包含相应的头文件即可。

习题

一、选择题

1. 以下函数定义中正确的是(   )。

A. double fun(double x, y){ }

B. double fun(double x; double y){ }

C. double fun(double x, double y);{ }

D. double fun(double x, double y){ }

2. 设某自定义函数已有返回值,则以下关于该函数调用的叙述中,错误的是(   )。

A. 函数调用可以作为独立的语句存在

B. 函数调用可以作为一个函数的实参

C. 函数调用可以出现在表达式中

D. 函数调用可以作为一个函数的形参

3. 若函数调用时的实参为变量,则以下关于函数形参和实参的叙述中,正确的是(   )。

A. 实参和其对应的形参占用同一存储单元

B. 形参不占用存储单元

C. 形参和实参占用不同的存储单元

D. 同名的实参和形参占用同一存储单元

4. 关于函数返回值,以下叙述中,正确的是(   )。

A. 函数返回值的类型由函数体内 return 语句包含的表达式的类型决定

B. 函数返回值的类型由函数头部定义的函数类型决定

C. 若函数体中有多个 return 语句,则函数的返回值是排列在最后面的 return 语句中表达式的值

D. 若函数体内没有 return 语句,则函数没有返回值

5. 已知函数 abc 的定义如下:

```
void abc(int a[], int b)
{    int c;
    for(c = 0;c < b;c ++)
        a[c] += b;
}
```

若 main 函数中有声明 int x[5] = {5} 及调用 abc 函数的语句,则正确的调用 abc 函数的形式是(　　)。

A. abc(x[ ],x[0]);　　　　　　　　　　　B. abc(x[0],x[0]);

C. abc(&x[0],x[0]);　　　　　　　　　　D. abc(x[0],&x[0]);

二、程序分析题

1. 分析下面程序的输出结果。

```c
#include < stdio.h >
int fun(int x)
{    int p;
     if (x == 0 || x == 1) return 2;
     else  p = x - fun(x - 2);
     return p;
}
int main()
{    printf("%d\n", fun(10));
     return 0;
}
```

2. 下面的程序输出 5 行,每行 10 个"＊"。分析程序能否实现。

```c
#include < stdio.h >
int i;
void prtstr()
{    for(i = 0;i < 10;i ++) /* 每行输出 10 个"＊"号 */
          printf("＊");
}
int main()
{    for(i = 0;i < 5;i ++) /* 循环 5 次调用函数 */
          prtstr();
     return 0;
}
```

3. 阅读下列程序,分析运行结果。

```c
#include < stdio.h >
int imax(int x,int y)
{    int z;
     if(x > y) z = x;
     else z = y;
     return(z);
}
int main()
{    extern a,b;     /* 声明外部变量 */
     printf("%d\n",imax(a,b));
     return 0;
}
int a = 28,b = 16;     /* 定义全局变量 */
```

三、编程题

1. 编写函数 check(x,y,n)：如果 x 和 y 都落在 0～n－1 的闭区间内(即满足数学关系 $0 \leq x \leq n-1$，$0 \leq y \leq n-1$)，那么函数返回 1；否则，函数返回 0。假设 x,y 和 n 都是 int 类型。

2. 编写函数 PrintPrime(n)：打印输出 1～n 之间的所有素数。

3. 改写猜数字游戏，系统通过随机函数产生一个标准值。要求每次程序运行产生的标准值是不一样的。

可以通过随机函数 srand( )产生随机数种子,然后调用随机函数 rand( )产生随机数作为标准值。如果用户猜测的数字不正确,则要提示猜测的数字是大了还是小了。

提示:rand( )函数会产生随机数值,范围为 0～RAND_MAX。如果未设随机数种子,rand( )在调用时,会自动设随机数种子为 1。如果每次都设相同值,rand( )所产生的随机数值每次都会一样。

4. 输入一个整数,逆序输出,要求使用函数。

5. 使用递归方法求解 n!。其中,n 为整数,比如 $5! = 5 \times 4 \times 3 \times 2 \times 1$。

6. 猴子吃桃问题:猴子第一天摘下若干个桃子,当天吃了一半,还不过瘾,又多吃了一个。第二天早上又将剩下的桃子吃掉一半,又多吃了一个。以后每天早上都吃了前一天剩下的一半零一个。到第 10 天早上想再吃时,见只剩下一个桃子了。求第一天共摘了多少。

第七章

数组与字符串

小习:羽同学,我们学了选择结构和循环结构,知道了程序语句的执行顺序,但是有些程序需要对输入的 10 个数进行排序,你试过吗?

小羽:我现在正在用循环输入 10 个整数,但是 10 个变量都要取名字,好麻烦啊!

小习:是的,我也在想很多字符怎么放到变量中,如"S2021010208901""Hello World""Fuzhou"等怎样表示?

小羽:还有学生的信息,除了学号,还需要增加一门成绩,要怎么表示? 比如 5 个学生的语文、数学、信息技术基础三门课程的成绩需要存储,用 stu[5][3]吗?

小习:嗯,还挺复杂的,数组一般用在数据量大的应用场合,我想应该不难。走,我们上课去,期待老师的讲解。

在程序设计中,数组是一种构造数据类型,是将基础数据类型按照一定规律组合而成的。数组要求所有元素都是同一种类型的数据,而且每个元素在内存中是连续存放的。数组元素的访问可以通过数组名和下标来确定。

7.1 一维数组定义和使用

数组是由若干个相同类型的变量组成的集合,引用这些变量时,可用同一个名字。数组是由连续的存储单元组成的,最低的地址对应数组的第一个元素,最高的地址对应数组的最后一个元素,数组可以是一维的,也可以是多维的。

一维数组的定义形式如下:

```
类型名 数组名 [数组元素的个数];
```

在 C 语言中,和普通变量一样,数组必须显示的指定类型。比如 int a[5];,在这个语句中,表示定义了一个一维数组,名字叫作 a,数组的长度是 5。数组的类型是整型,一共有 5 个元素,第一个元素的名字叫作 a[0],第二个元素的名字叫作 a[1],依此类推,第五个元素的名字叫作 a[4]。一维数组在内存中占用的总字节数是:

```
sizeof(类型) * 数组长度 = 总字节数
```

一维数组在本质上是由同类数据构成的表,例如,对下列数组 b:

```
char b[7];
```

表 7.1 说明了数组 b 在内存中的情形,假定起始地址为 F000。

表 7.1　数组 b 在内存中的情况

元素	0	1	2	3	4	5	6
地址	F000	F001	F002	F003	F004	F005	F006

例题 7.1:将数字 1～10 装入一个整型数组,并打印数组中的元素值。

```
1    #include <stdio.h>
2    int main()
3    {    int i,a[10];                         /* 定义循环变量 i 和数组 a */
4         for(i =0;i <10;i ++)
5              a[i] = i +1;                     /* 为每个数组元素赋值 */
6         for(i =0;i <10;i ++)
7              printf("%3d", a[i]);             /* 输出 a 数组中的每一个元素 */
8         return 0;
9    }
```

输出结果:

```
 1  2  3  4  5  6  7  8  9 10
```

严老师:从运行结果可以看出什么呢?

小习:存放的顺序和输出结果是一致的。

小羽:第 7 行,每个输出的元素占 3 个字宽,而且是右对齐的。

严老师:你们总结得非常好。

焦工:C 语言并不检验数组边界,因此,数组的两端都有可能越界,而使其他变量的数组甚至程序代码被破坏。在需要的时候,数组的边界检验便是程序员的职责。比如,这里要确认接收输入的数据个数必须小于 10。如果程序中的下标越界,则会造成不可预知的后果。刚才例题 7.1 的程序中,数组元素 a 的长度是 10,如果访问越界的数组元素 a[10],比如打印 a[10] 和 a[11] 的值,代码为:

```
printf("\n%d,%d \n", a[10],a[11]);
```

输出结果是:

```
-2,6356760
```

这两个元素的值都是垃圾值,因为 a[10] 和 a[11] 这两个元素根本不存在。

焦工:如果数组的长度不确定,可以用宏定义,比如:

```
#define LEN 20
int a[LEN];
```

此处要注意,中括号里面可以是整型常量或符号常量,不能包含变量,也就是说,不能用变量对数组的大小进行定义,比如下面这样是错误的:

```
int m=15;
int a[m];  //ERROR
```

小习、小羽:记住老师的教诲,接收数组元素输入时,必须确认数组的长度足以存放所有的元素。

严老师:还有,请同学们注意,数组名后面的方括号不能改成小括号或大括号。比如,以下都是非法的。

```
int a(20);
int a{15};
```

小习:老师,我们可以用一个语句同时定义多个数组吗?

严老师:可以的,比如可以用以下语句同时定义两个数组:

```
int a[3],b[4]; //分别定义了两个数组,数组 a 有 3 个元素,数组 b 有 4 个元素
```

小羽:老师,我们可以给数组进行整体赋值吗,就像给变量赋值一样?

严老师:我们可以通过以下语法给数组一次性进行初始化:

```
类型名 数组名[数组长度]={初始值列表}
```

初始值列表中依次存放数组元素的值,比如

```
int a[4]={1,2,3,4};   //定义数组 a 的同时初始化
```

数组初始化后,各元素值是 $a[0]=1,a[1]=2,a[2]=3,a[3]=4$。

上述数组也可以不指定长度,比如上面的数组等价于:

```
int a[]={1,2,3,4};   //定义数组 a 的同时初始化
```

不过此处要注意,如果定义数组时没有直接初始化,那么数组长度是不能省略的,比如下面这样是错误的:

```
int a[];  // ERROR
```

小羽:老师,那如果要将一个数组的全部元素的值都设置为0,可以直接这样写吗? 比如:

```
int a[5]=0;
```

严老师:上面的写法是错误的,应该写成这样:

```
int a[5]={0};
```

大家可以用如下测试代码测试刚才的想法：

例题7.2：将数字1～10装入一个整型数组，并打印数组中的元素值。

```
1    #include <stdio.h>
2    int main()
3    {
4        int a[5] =0；  /* 定义数组 a */
5        int i；    /* 定义循环变量 i */
6        for(i =0;i <5;i ++)
7                printf("%3d ", a[i]);  /* 输出 a 数组中的每一元素 */
8        return 0;
9    }
```

编译出错,结果显示：

```
例题 7.2.c:4:error:invalid initializer
```

提示有一个 invalid initializer 错误,就是非法的初始化。

修改程序第4行,如下所示：

```
1    #include <stdio.h>
2    int main()
3    {
4        int a[5] ={0}；  /* 定义数组 a */
5        int i;/* 定义循环变量 i */
6        for(i =0;i <5;i ++)
7                printf("%3d ", a[i]);/* 输出 a 数组中的每一元素 */
8        return 0;
9    }
```

输出结果是：

```
0  0  0  0  0
```

小习:老师,如果上面的程序不是全部赋值为0,而是赋值为其他数据,也可以这样写吗？

严老师:不可以的,大家看看如果将第4行代码修改为下面这样：

```
1    #include <stdio.h>
2    int main()
3    {
4        int a[5] ={33};/* 定义数组 a */
5        int i;      /* 定义循环变量 i */
6        for(i =0;i <5;i ++)
7                printf("%3d ", a[i]);/* 输出 a 数组中的每一元素 */
8        return 0;
9    }
```

输出结果是：

```
33   0   0   0   0
```

数组在定义时,如果没有完全初始化,像上面程序这样,int a[5] = {33};只对数组的第一个元素赋初值,其余元素的初值为0,即 a[0] =33,a[1] =0,a[2] =0,a[3] =0,a[4] =0。

注意,如果只给部分数组元素赋初值,由于数组的长度与提供初值的个数不相同,数组长度不能省略,所以上面的定义中,如果省略数组长度5,就写成了:

```
int a[] = {33};
```

系统就认为数组 a 只有 1 个元素,而不是 5 个元素了。

焦工:考考大家,下列一维数组的定义中,哪个是正确的?

A. int len =6, a[len];

B. int a[3 +2] = {0};

C. int a[ ];

D. int a[5] = {1,2,3,4,5,6};

分析:在定义数组时,数组的长度也不能为变量,A 选项错误;在定义数组时,数组的长度可以是常量表达式,B 选项正确;在定义数组时,不能省略数组的长度,C 选项错误;数组定义时可以初始化,但初值的个数不能大于数组的长度,D 选项错误。

小习、小羽:一维数组的赋值原来有这么多要注意的,我们记住老师的教诲,初值的个数不能大于数组的长度,初值表中只能是常量,不能是变量。

7.2 二维数组定义和使用

C 语言允许使用多维数组,最简单的多维数组是二维数组。实际上,二维数组是以一维数组为元素构成的数组,要将 m 说明成大小为(3,5)的二维整型数组,可以写成:

```
intm[3][5];
```

请留心上面的说明语句,C 语言不像其他大多数计算机语言那样使用逗号区分下标,而是用方括号将各维下标括起来,并且数组的二维下标均从 0 计算。与此相似,要存取数组 m 中下标为(1,2)的元素,可以写成:

```
m[1][2]
```

例题 7.3:将数字 1~15 装入一个整型二维数组,并打印数组中的元素值。

```
1    #include <stdio.h>
2    int main()
3    {
4        int i,j,fruits[3][5];   /* 定义循环变量 i、j 和数组 fruits */
5        for(i =0;i <3; ++i)
6            for(j =0;j <5; ++j)
7            {
8                fruits[i][j] = (i *5) +(j +1);/* 给数组中的每一元素赋值 */
9            }
```

```
10
11          for(i = 0;i < 3;i ++)
12          {
13                  for(j = 0;j < 5;j ++)
14                          printf("%3d ",fruits[i][j]);   /* 输出数组中的每一元素 */
15                  printf("\n");
16          }
17
18          return 0;
19  }
```

输出结果：

```
 1   2   3   4   5
 6   7   8   9  10
11  12  13  14  15
```

严老师：大家可以测试单个元素的值，比如打印数组元素 fruits[2][2] 的值，可以用

```
printf("%3d ",fruits[2][2]);
```

可以发现 fruits[2][2] 的值是 13，从运行结果可以看出什么呢？

小习：二维数组的元素存放很像表格。fruits[0][0] 的值为 1，fruits[0][1] 的值为 2，fruits[0][2] 的值为 3，…，fruits[2][4] 的值为 15。可以将该数组想象为表 7.2 所列。

表 7.2   二维数组的存放

fruits[3][5]	0	1	2	3	4
0	1	2	3	4	5
1	6	7	8	9	10
2	11	12	13	14	15

严老师：没错，二维数组是以行列矩阵的形式存储数组元素的。第一个下标代表行，第二个下标代表列。图 7.1 所示是这个二维数组在内存中的情形。

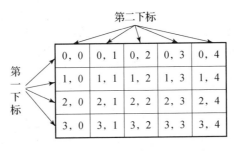

图 7.1   二维数组在内存中的存放情形

小羽：根据这个内存存放图，右边的下标比左边的下标变化快一些。

严老师：你们观察得非常仔细，按照在内存中的实际存储顺序访问数组元素时，右边的下标确实变化得更快，实际上，第一下标可以认为是行的指针，第二下标可以认为是列的指针。

焦工：记住，一旦数组被声明或定义，所有的数组元素都将分配相应的存储空间。对于二维数组，可用下列公式计算所需的内存字节数：

$$行数 \times 列数 \times 类型字节数 = 总字节数$$

因而，假定为双字节整型，大小为(6,10)的整型数组将需要 $6 \times 10 \times 2 = 120$（字节）。

此处我们将程序稍微改一下。

例题 7.4：改写例题 7.3 中的程序，打印二维数组中元素的地址。其中，16~23 行是增加的代码部分。

```
1    #include <stdio.h>
2    int main()
3    {
4        int i,j,fruits[3][5];   /* 定义循环变量 i,j 和数组 fruits */
5        for(i=0;i<3;++i)
6            for(j=0;j<5;++j)
7            {
8                fruits[i][j] = (i*5)+(j+1);/* 给数组中的每一个元素赋值 */
9            }
10       for(i=0;i<3;i++)
11       {
12           for(j=0;j<5;j++)
13               printf("%3d ", fruits[i][j]);   /* 输出数组中的每一个元素 */
14           printf("\n");
15       }
16       printf("数组名的值 =%d\n",fruits);//打印数组名的值,即数组的首地址
17       printf("第一个元素的地址 =%d\n",&fruits[0][0]);//打印第一个元素的地址
18       for(i=0;i<3;i++)
19       {
20           for(j=0;j<5;j++)
21               printf("%d ", &fruits[i][j]); /* 输出数组中每一个元素的地址 */
22           printf("\n");
23       }
24       return 0;
25   }
```

输出结果：

```
1    2    3    4    5
6    7    8    9    10
11   12   13   14   15
数组名的值 =6356688
第一个元素的地址 =6356688
6356688 6356692 6356696 6356700 6356704
6356708 6356712 6356716 6356720 6356724
6356728 6356732 6356736 6356740 6356744
```

严老师:大家看看运行结果,数组名的值和第一元素的地址是一样的。数组名可以理解为数组的首地址,知道了首地址,就知道了所有元素的地址。

焦工:考考大家,如果一个 int 类型的二维数组 a[5][6],首地址是 1000,那元素 a[2][4] 的地址是多少呢?

小习:a[2][4] 的地址是 $1000 + 4 \times (2 \times 6 + 4) = 1064$。

焦工:回答非常正确,因为首地址是 1000,要知道 a[2][4] 的地址,就要看这个元素之前已经有多少个元素,应该是 $2 \times 6 + 4 = 16$ 个元素,而且因为二维数组是 int 类型的,一个元素占 4 字节,所以 4 乘以 16 等于 64 字节,也就是 a[2][4] 的地址是首地址加 64,即 1064。

焦工:大家也可以编写测试程序,验证这个地址的求法是否正确。以下是参考的测试程序。

例题 7.5:测试程序,求数组元素的地址。

```
1    #include < stdio.h >
2    int main()
3    {
4        int a[5][6];   /* 定义数组 a */
5        printf("&a[0][0] = %d\n",&a[0][0]);//打印第一个元素的地址
6        printf("&a[2][4] = %d\n",&a[2][4]);//打印 a[2][4] 元素的地址
7        return 0;
8    }
```

输出结果:

```
&a[0][0] = 6356624
&a[2][4] = 6356688
```

小羽:老师,前面学习一维数组的时候,如果定义数组的同时进行初始化,可以省略数组长度,那么二维数组也可以这样使用吗?

严老师:变长数组初始化的方法不限于一维数组。但在对多维数组初始化时,必须指明除了第一维以外其他各维的长度,以使编译程序能够正确地检索数组。这样就可以建立变长表,而编译程序自动地为它们分配存储空间。例如,用变长数组初始化的方法定义数组 a:

```
int a[][3] = {1,2,3,4,5,6,7,8,9,10};
```

此语句表示定义了数组 a,各数组元素分别是:

```
a[0][0] =1, a[0][1] =2, a[0][2] =3,
a[1][0] =4, a[1][1] =5, a[1][2] =6
a[2][0] =7, a[2][1] =8, a[2][2] =9
a[3][0] =10, a[2][1] =0, a[2][2] =0
```

例题 7.6:测试变长数组的初始化,程序如下:

```
1     #include <stdio.h>
2     int main()
3     {
4         int i,j,a[][3] = {1,2,3,4,5,6,7,8,9,10};    //定义循环变量 i,j 和数组 a
5         int len; //数组的长度
6         int row; //数组的行数
7         len = sizeof(a) / sizeof(int); //数组的长度
8         row =  (len +(3 -1)) /3; //向上取整
9         printf("len =%d \n", len);
10        for(i =0;i < row;i ++)
11        {
12             for(j =0;j <3;j ++)
13                  printf("%d ", a[i][j]);   //输出数组中的每一个元素的值
14             printf(" \n");
15        }
16        return 0;
17    }
```

输出结果:

```
len =12
1 2 3
4 5 6
7 8 9
10 0 0
```

相对定长数组的初始化而言,这种说明的优点在于可以在不改变数组各维长度的情况下,随时增加或缩短表的长度。

小习、小羽:记住老师的教诲了,二维数组元素的地址是按照行增长的,输出数组元素的值或地址时,可以使用循环。

7.3 字符数组的定义与使用

整型数组的数组元素是一个整数,实型数组的数组元素是一个实数,同样,字符数组的数组元素是一个字符。

1. 一维字符数组

定义一维字符数组的一般形式是:

char 数组名[常量表达式]

例如,如果需要存储学生的姓名信息,可以进行如下定义:

char name[10]; //存储某个学生的姓名

数组 name 就是一个字符数组,它可以存储 10 个字符型的数据。访问字符数组也是通过访问数组元素实现的。

2. 二维字符数组

定义二维字符数组的一般形式是：

char 数组名[常量表达式1][常量表达式2]

例如，如果要存储6个学生的家庭住址信息，则可以进行如下定义：

char address[6][100]; //存储6个学生的家庭住址

数组 address 可以存储6个字符串。

3. 字符数组的初始化

字符数组的初始化方法与其他数组的初始化方法类似，一般形式是：

char 数组名[常量表达式] = {初始值列表};

例如，学生的姓名是"ZhaoFeixian"，可以进行如下初始化：

char name[10] = {'Z','h','a','o','F','e','i','y','a','n'};

也可以在定义数组以后，通过赋值的方法实现：

```
char name[10];
name[0] = 'Z';name[1] = 'h';name[2] = 'a';name[3] = 'o';name[4] = 'F';
name[5] = 'e';name[6] = 'i';name[7] = 'y';name[8] = 'a';name[9] = 'n';
```

这时，数组 name 在内存中的存储结构如图7.2所示。

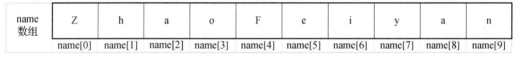

name 数组	Z	h	a	o	F	e	i	y	a	n
	name[0]	name[1]	name[2]	name[3]	name[4]	name[5]	name[6]	name[7]	name[8]	name[9]

图7.2 字符数组 name 在内存中的存储结构

例题7.7：编写测试代码进行测试。

```
1    #include < stdio.h >
2    int main()
3    {
4        int i; //定义循环变量
5        //char name[10] = {'Z','h','a','o','F','e','i','y','a','n'};
6        char name[10];
7        name[0] = 'Z';name[1] = 'h';name[2] = 'a';name[3] = 'o';name[4] = 'F';
8        name[5] = 'e';name[6] = 'i';name[7] = 'y';name[8] = 'a';name[9] = 'n';
9        for(i = 0;i < 10;i ++)
10       {
11           printf("%c ",name[i]);   //输出数组中的每一个元素的值
12       }
13       printf("\n");
14       return 0;
15   }
```

输出结果：

```
ZhaoFeiyan
请按任意键继续…
```

如果初值表中初值的个数小于字符数组的长度,则多余元素的初值为 0,比如:

```
char name[10] = {'Z','h','a','o','F','e','i'};
```

相应内存单元的存储内容如图 7.3 所示。

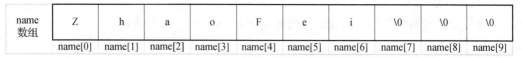

图 7.3　字符数组 **name** 中的初值个数不足时在内存中的存放

注意,字符'\0'代表整数 0,也就是 ASCII 码为 0 的字符。但'\0'不是字符'0',字符'0'的 ASCII 码值为 48。

例题 7.8:编写测试代码测试空字符的情形。

```
1    #include<stdio.h>
2    int main()
3    {
4        int i; //定义循环变量
5        char name[10] = {'Z','h','a','o','F','e','i'};
6        for(i = 0;i <10;i ++)
7        {
8            printf("%c ",name[i]);    //输出数组中的每一个元素的值
9        }
10       printf("\n////////////////////\n");
11       for(i = 0;i <10;i ++)
12       {
13           printf("%d ",name[i]);    //输出数组中的每一个元素的值
14       }
15       return 0;
16   }
```

输出结果：

```
ZhaoFei
////////////////////
90 104 97 111 70 101 105 0 0 0 请按任意键继续…
```

4. 字符串数组

程序设计中经常要用到字符串数组。例如,数据库的输入处理程序就要将用户输入的命令与存在字符串数组中的有效命令相比较,检验其有效性。可用二维字符数组的形式建立字符串数组,左下标说明字符串的个数,右下标说明串的最大长度。例如,下面的语句定义了一个字符串数组,它可存放 6 个字符串,串的最大长度为 100 个字符。

```
char address[6][100] ={
        "Fujian","Hainan","Hebei","Shanghai","Chongqing","Shanxi"};
```

例题 7.9：编写测试代码测试字符串数组的用法。

```
1    #include<stdio.h>
2    int main()
3    {
4        int i,j; //定义循环变量
5        char address[6][100] ={
6            "Fujian","Hainan","Hebei","Shanghai","Chongqing","Shanxi"};
7        for(i=0;i<6;i++)
8        {
9            printf("%s\n",address[i]);   //输出数组中的每一个元素的值
10       }
11       return 0;
12   }
```

输出结果：

```
Fujian
Hainan
Hebei
Shanghai
Chongqing
Shanxi
请按任意键继续…
```

5. 字符数组与字符串

字符串常量是用双引号括起来的字符序列,它有一个结束标志‘\0’。在 C 语言中,有字符串常量,但是没有字符串变量这个概念,所以,字符串是通过字符数组来存储和处理的。例如,要存储字符串“FuZhou”,可以进行如下定义：

```
char city[7] = "FuZhou";
```

字符串常量“FuZhou”的内存映像如图 7.4 所示。

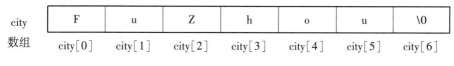

图 7.4　字符串常量的内存映像

字符串常量的长度虽然是 6,但由于要在其后面添加字符串结束标志‘\0’,所以要占用 7 个内存单元。通常利用字符数组来存放字符串,C 语言允许用户在定义字符数组时,将字符串常量作为初值赋给字符数组。下面 3 种形式是等价的：

```
char city[7] = "FuZhou";   //第 1 种
char city[7] = {"FuZhou"};   //第 2 种
char city[7] = {'F','u','Z','h','o','u','\0'};   //第 3 种
```

但是,与下面的不等价:

```
char city[] = {'F','u','Z','h','o','u'};
```

因为最后的这个字符数组 city 中,没有字符串结束标志'\0',所以它只是一个字符数组,不能认为它里面存储了一个字符串。

如果在定义时,字符数组的长度大于字符串的有效长度加1,那么字符数组中,除了存储字符串的有效字符以及字符串结束标志'\0'以外,多余的字符是不会存储的,是无效的,比如:

```
char city[15] = "FuZhou";
```

只会对数组的前 6 个元素进行赋初值,第 1 个'\0'后面的字符是无效的,但这并不影响对字符串的操作。由于字符串遇到了'\0'就结束了,所以字符数组中的有效字符与第一个'\0'一起构成了字符串。也就是说,第 1 个'\0'之后的其他字符与该字符串无关。

小习、小羽:记住老师的教诲了,字符数组与字符串是有区别的,字符数组不一定就是字符串,但是字符串却是用字符数组来存储的,而且字符串一定要有一个结束标志'\0',所以存储字符串的数组长度至少是字符串的有效长度加 1。

7.4 字符数组函数

7.4.1 字符串的输入/输出

前面学习了字符型数据的输入/输出,可以使用函数 getchar( )、putchar( )、scanf( )和 printf( ),它们同样可以用于输入/输出字符串,在使用时,与循环语句配合使用即可。除此之外,还可以使用 gets( )和 puts( )函数。

1. 用%c 逐个字符输入/输出
①利用标准输入/输出函数 scanf( )和 printf( ),配合%c 格式控制符。
例题 7.10:用 scanf( )和 printf( )配合%c 进行逐个字符输入/输出。

```
1    #include<stdio.h>
2    int main()
3    {
4        int i;
5        char str[10];
6        for(i=0;i<10;i++)
7            scanf("%c",&str[i]);
8        for(i=0;i<10;i++)
9            printf(" %c ",str[i]);
10       return 0;
11   }
```

输出结果：

```
Zhaofeixiao
Z h a o f e i x i a 请按任意键继续…
```

程序运行时,必须输入 9 个字符,因为循环次数是固定的,超出个数的输入字符没办法保存下来。

②利用标准输入/输出函数 getchar( )和 putchar( ),配合%c 格式控制符。

例题 7.11:用函数 getchar( )和 putchar( )配合%c 输入/输出字符串。

```
1    #include < stdio.h >
2    int main()
3    {    int i = 0;
4         char str[20];
5         printf("请输入一串字符:");
6         while((str[i] = getchar())! = '\n')//换行时结束输入
7              i ++;
8         str[i] = '\0';//字符串末尾加上字符串结束标志 '\0'
9         for(i = 0; str[i]! = '\0'; i ++)
10             printf(" %c ", str[i]); //逐个字符的打印字符串,用空格隔开字符
11        return 0;
12   }
```

输出结果：

```
请输入一串字符:wonderfull You
w o n d e r f u l l   Y o u 请按任意键继续…
```

这个程序运行的时候,输入的字符不能超过 20 个,当输入换行符时结束,比例题 7.10 灵活。

2. 用%s 按字符串输入与输出

例题 7.12:用 scanf( )和%s 进行字符串整体的输入与输出。

```
1    #include < stdio.h >
2    int main()
3    {
4         char str[10];
5         printf("请输入一串字符:");
6         scanf("%s",str);
7         printf("%s",str);
8         return 0;
9    }
```

输出结果 1:

请输入一串字符:hello
hello 请按任意键继续…

输出结果 2:

请输入一串字符:excellent wonderful
excellent 请按任意键继续…

输出结果 3:

请输入一串字符:hellohellohello
hellohellohello 请按任意键继续…

严老师:从运行结果可以看出什么呢?

小习:使用 scanf( )时,不能输入空格。

小羽:在第 3 次测试基础上,我在第 7 行后面加了一行语句:

```
printf("\n%c\n", str[10]);
```

换个数据测试,发现输出结果是:

请输入一串字符:hellomyschoole
hellomyschoole
o
请按任意键继续…

严老师:你们思考得很好,这种字符串的输入/输出是有漏洞的,如果需要输入带有空格的字符串,则需要用多个输入参数的 scanf( )函数来配合输入。

例题 7.13:用 scanf( )和多个%s 配合,输入带空格的字符串。

```
1    #include<stdio.h>
2    int main()
3    {
4        char str1[10],str2[10],str3[10],str4[10];
5        printf("请输入一串字符:");
6        scanf("%s%s%s%s",str1,str2,str3,str4);
7        printf("%s%s%s%s",str1,str2,str3,str4);
8        return 0;
9    }
```

输出结果:

请输入一串字符:You are so beautiful
Youaresobeautiful 请按任意键继续…

输入数据后,字符串数组的内容见表7.3。

表 7.3　用 scanf( ) 输入多个字符串的内存存放结构

	0	1	2	3	4	5	6	7	8	9
str1	Y	o	u	\0	\0	\0	\0	\0	\0	\0
str2	a	r	e	\0	\0	\0	\0	\0	\0	\0
str3	s	o	\0	\0	\0	\0	\0	\0	\0	\0
str4	b	e	a	u	t	i	f	u	l	\0

这种方式还是不太方便,或者换一种方法,我们看下一个例题。

3. 用 gets( ) 和 puts( ) 函数进行字符串整体的输入与输出

gets( ) 函数可以将输入的一串字符以字符串的形式存储到一个字符数组中,puts( ) 函数可以将一个字符串(以'\0'结束的字符序列)输出到屏幕,输出后会自动换行,其调用格式分别是:

```
gets(字符数组名);
puts(字符数组名);
```

例题 7.14:用 gets( ) 和 puts( ) 函数进行字符串整体的输入与输出。

```
1    #include<stdio.h>
2    int main()
3    {
4        char str[10];
5        printf("请输入雇员姓名:");
6        gets(str);
7        printf("您输入的姓名是:");
8        puts(str);
9        return 0;
10   }
```

输出结果:

```
请输入雇员姓名:Li Qiang
您输入的姓名是:Li Qiang
请按任意键继续…
```

puts( ) 函数完全可以由 printf( ) 函数取代。当需要按一定格式输出时,通常使用 printf( ) 函数。比如:

```
printf("\n雇员姓名是:%s",name);
printf("\n雇员所属部门是:%s\n",dept);
```

严老师:刚才我们学习了字符串的输入/输出函数,是哪 4 种,还记得吗?

小习:printf( ), scanf( ), put( ), gets( )。

严老师:那么这四种函数有什么区别呢?

小羽:printf( )函数和 scanf( )函数要配合%s 使用,put( )函数和 gets( )函数可以进行字符串整体的输入/输出。

小习:scanf( )函数不能输入带有空格的字符串,必须使用多个格式控制符%s 才能输入多个字符串,遇到空格就会结束输入。

焦工:小习同学说的没错,scanf( )函数和%s 配合使用的时候,需要人为加上字符串结束标志‘\0’。gets( )函数输入字符串的时候,遇到回车符会结束输入,而且会自动将回车符‘\n’转换为‘\0’。

小羽:printf( )函数可以输出多个字符串,输出后不会自动换行。虽然 puts( )函数只能输出一个字符串,但是输出后会自动换行。

严老师:你们总结得非常好。

7.4.2 字符串操作函数

尽管 C 语言并不把字符串定义为一种数据类型,但却允许使用字符串常量,也支持多种字符串操作函数,最常用的见表7.4。

表 7.4　字符串操作函数

名字	功能
strcpy(s1,s2)	将 s2 复制到 s1
strcat(s1,s2)	将 s2 连接到 s1 的末尾
strlen(s1,s2)	返回 s1 的长度
strcmp(s1,s2)	如果 s1 与 s2 相等,返回值为 0; 如果 s1 < s2,返回值小于 0; 如果 s1 > s2,返回值大于 0

调用这些函数时,在程序的开头要包含预处理头文件:

```
#include <string.h>
```

1. strlen 函数

语法:

```
strlen(s);
```

描述:

计算字符串 s 中字符的个数,并将字符的个数作为函数的返回值。在计算字符个数时,不计算表示字符串结束的空字符‘\0’。

例题 7.15：strlen( )函数使用举例。

```
1    #include <stdio.h>
2    #include <string.h>
3    int main()
4    {    char str[] = "Beijing";
5         printf("%d,%d,%d\n",strlen(str),sizeof(str),sizeof(char));
6         return 0;
7    }
```

输出结果：

```
7,8,1
请按任意键继续…
```

2. strcpy 函数

语法：

```
strcpy(dest,src)
```

描述：

其中，dest 是目标字符串，src 是源字符串。相当于把字符数组 src 中的字符串复制到字符数组 dest 中。结束标志'\0'也一同复制。src 可以是一个字符串常量。字符数组 dest 应足够大，以保证字符串复制不越界。

例题 7.16：strcpy( )函数使用举例。

```
1    #include <stdio.h>
2    #include <string.h>
3    int main()
4    {    char str[100] = "Fuzhou";
5         strcpy(str +5," is beautiful");//把右边的字符串复制到 str +5 开始的位置
6         puts(str);
7         return 0;
8    }
```

输出结果：

```
Fuzho is beautiful
请按任意键继续…
```

严老师：修改第 5 行代码为 strcpy(str +7," is beautiful") ;，运行结果是什么呢？

小羽：运行结果是：

```
Fuzhou
请按任意键继续…
```

严老师：如果要使输出为以下结果，应该如何修改第 5 行代码呢？

```
Fuzhou is beautiful
请按任意键继续…
```

小羽:strcpy(str + 6,"is beautiful");

严老师:小羽同学回答正确！注意,目标字符串的空间要足够容纳复制的字符串,此处的 str 数组的长度如果小于目标字符串和原字符串加起来的总长度,则会复制不成功。

小习、小羽:谢谢老师的提醒,目标字符数组要设置得足够大,这样才能保证字符串复制不越界。

3. strcmp 函数

语法:

```
strcmp(str1, str2)
```

描述:

按照 ASCII 码顺序比较字符串 str1 和 str2 的大小,比较的结果由函数返回。在两个字符串 str1 和 str2 相同时,返回 0;字符串 str1 大于字符串 str2 时,返回一个正值,否则,就返回负值。

例题 7. 17:strcmp( )函数使用举例。

```
1    #include < stdio.h >
2    #include < string.h >
3    int main()
4    {
5        char str1[ ] = "Hi",str2[ ] = "Hi";
6        printf("%d\n ",strcmp(str1,str2));
7        printf("%d\n ",strcmp("Fuzhou","Fujian"));
8        printf("%d\n ",strcmp("Hubei","Hunan"));
9        return 0;
10   }
```

输出结果:

```
0
1
 -1
请按任意键继续…
```

4. strcat 函数

语法:

```
strcat(dest, src)
```

描述:

把字符串 src 中的字符串连接到字符串 dest 中的字符串后面。本函数返回值是字符数组 dest 的首地址。连接后字符串的总长度将是字符串 src 的长度加上字符串 dest 的长度。目标

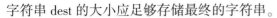

字符串 dest 的大小应足够存储最终的字符串。

例题 7.18：strcat( )函数使用举例。

```
1    #include <stdio.h>
2    #include <string.h>
3    int main()
4    {
5        char str1[50],str2[10];
6        printf("请输入第一个字符串:");
7        gets(str1);
8        printf("请输入第二个字符串:");
9        gets(str2);
10       printf("字符串长度是:%d,%d.\n", strlen(str1),strlen(str2));
11       if(!strcmp(str1,str2))
12               printf("这两个字符串是一样的。\n");
13       strcat(str1,str2); //连接两个字符串,并存放到 str1 中
14       puts(str1);   //输出合并后的字符串 str1
15       return 0;
16   }
```

输出结果：

请输入第一个字符串:fuzhou
请输入第二个字符串:fuzhou
字符串长度是:6,6.
这两个字符串是一样的。
fuzhoufuzhou
请按任意键继续…

严老师:这个案例中的 str1 和 str2 的大小是固定的吗? 可以改变它们的大小吗?

小羽:老师,可以改变,只要 str1 能够存放用户输入的两个字符串加起来的长度就可以了。

严老师:是的,理解得很正确。所以,在合并字符串的时候,我们尽量让目标字符串,就是案例中的字符数组 str1 的空间设置得大一点。

7.5 案例库

例题 7.19：利用数组求出所购买的 5 个商品的总计花费。

第一步：定义数组。

第二步：赋值数组。

第三步：取出数值。

第四步：计算总值。

```
1    #include<stdio.h>
2    int main()
3    {
4        int i;
5        float item_price[5],total=0;
6        printf("请输入商品价格:");
7        for(i=0;i<5;i++)
8        {
9            scanf("%f",&item_price[i]);
10           total=total+item_price[i];
11       }
12       printf("所有商品的合计费用:%f\n",total);
13       return 0;
14   }
```

输出结果:

```
请输入商品价格:32.9 19.9 199 218 99.9
所有商品的合计费用:569.700012
```

例题 7.20:输入某公司 30 个员工某个月的销售金额,计算并输出全部员工的平均销售金额,同时统计并输出业绩低于平均业绩的人数。

分析:解决这类问题时,如果仍然使用基本数据类型定义 30 个简单变量的话,是不可想象的。只有采用数组来表示学生成绩的集合,用数组元素来表示每个学生的成绩,利用循环来组织程序,才能方便、高效地解决这一问题。

```
1    #include<stdio.h>
2    #define N 5            //符号常量,N 为人数
3    int main()
4    {
5        float sale[N];//定义 sale 为一维数组
6        float aver=0;//aver 存放平均销售额
7        int i,n=0;
8        for(i=0;i<N;i++)
9        {
10           printf("第%d 名员工的销售额: ", i+1);
11           scanf("%f",&sale[i]);//输入员工销售额
12           aver+=sale[i];          //销售额求和
13       }
14       aver=aver/N;                 //计算平均销售额
15       for(i=0;i<N;i++)
16           if(sale[i]<aver) n++; //统计销售额低于平均值的员工人数
17       printf("平均销售额=%10.1f,低于平均值的人数=%2d", aver, n);
18       return 0;
19   }
```

限于篇幅,这里 N 取 5,输出结果是:

```
第 1 名员工的销售额:20000
第 2 名员工的销售额:35000
第 3 名员工的销售额:56000
第 4 名员工的销售额:99000
第 5 名员工的销售额:40000
平均销售额 =   50000.0,低于平均值的人数 = 3 请按任意键继续…
```

例题 7.21:编写程序,输入一个正整数 n(1 < n≤10),再输入 n 个整数,将这 n 个整数逆序存放并输出。

分析:首先将输入的 n 个整数对应存放到 a 数组中,逆序存放这 n 个整数,只要将 a[0] 与 a[n-1] 交换,a[1] 与 a[n-2] 交换,……,a[i] 与 a[n-1-i] 交换即可。

```
1     #include < stdio.h >
2     int main()
3     {
4         int n,i,a[10],t;
5         printf("输入变量 n 的值:");
6         scanf("%d", &n);   /* 输入 n */
7         printf("输入%d 个整数:",n);
8         for(i = 0;i < n;i ++)
9             scanf("%d", &a[i]);/* 输入 n 个数到 a 数组 */
10        for(i = 0;i < n/2;i ++)/* 交换对应元素 */
11        {
12            t = a[i];
13            a[i] = a[n-1-i];
14            a[n-1-i] = t;
15        }
16        printf("逆序存放后:");
17        for(i = 0;i < n;i ++)
18            printf("%3d", a[i]);     /*输出逆序后 a 数组内容 */
19        printf("\n");
20        return 0;
21    }
```

输出结果一:

```
输入变量 n 的值:9
输入 9 个整数:11 12 34 21 9 18 22 45 33
逆序存放后: 33 45 22 18   9 21 34 12 11
请按任意键继续…
```

输出结果二:

```
输入变量 n 的值:8
输入 8 个整数:2 1 3 6 7 5 9 4
逆序存放后: 4 9 5 7 6 3 1 2
请按任意键继续…
```

例题 7.22:为比赛选手评分。

计算方法:从 10 名评委的评分中扣除一个最高分,扣除一个最低分,然后统计总分,并除以 8,得到这个选手的最后得分(打分采用百分制)。

```
1    #include<stdio.h>
2    int main()
3    {
4        int score[10];//10 个评委的成绩
5        float mark;//最后得分
6        int i;
7        int max = -1;//最高分
8        int min =101; //最低分
9        int sum = 0; //10 个评委的总和
10
11       for(i =0;i <10;i ++)
12       {
13           printf("请输入第%d 个评委的分数:", i +1);
14           scanf("%d", &score[i]);/* 输入 n 个数到数组 score * /
15           sum = sum + score[i];
16       }
17       for(i =0;i <10;i ++)//
18       {
19           if(score[i] >max)
20               max = score[i];
21       }
22       for(i -0;i <10;i ++)//
23       {
24           if(score[i] <min)
25               min = score[i];
26       }
27       mark =(sum -min -max)/8.0;
28       printf("最终分是:%.2f\n", mark);
29       return 0;
30   }
```

输出结果:

```
请输入第 1 个评委的分数:90
请输入第 2 个评委的分数:91
请输入第 3 个评委的分数:97
请输入第 4 个评委的分数:98
请输入第 5 个评委的分数:95
```

```
请输入第 6 个评委的分数:88
请输入第 7 个评委的分数:95
请输入第 8 个评委的分数:97
请输入第 9 个评委的分数:98
请输入第10 个评委的分数:98
最终分是:95.13
请按任意键继续…
```

例题 7.23: 使用数组按序输出斐波那契数列的前 30 项。数列的递推公式如下:

$$f(n) = \begin{cases} 1 & n = 1 \\ 1 & n = 2 \\ f(n-1) + f(n-2) & n \geqslant 3 \end{cases}$$

完整案例代码如下:

```
1    #include<stdio.h>
2    int main()
3    {    int a[31],i ;   //定义存放斐波那契数列的数组 a
4         a[1]=1;   //存放第 1 个数
5         a[2]=1;   //存放第 2 个数
6         for(i=3;i<31;i++)//计算第 3 个以后的斐波那契数列
7              a[i]=a[i-1]+a[i-2];
8         for(i=1;i<31;i++)//输出斐波那契数列
9         {    printf("%-8d",a[i]);
10             if(i%6==0)   //每行输出 6 个数据
11                  printf("\n");
12        }
13        return 0;
14   }
```

输出结果:

```
1        1        2        3        5        8
13       21       34       55       89       144
233      377      610      987      1597     2584
4181     6765     10946    17711    28657    46368
75025    121393   196418   317811   514229   832040
请按任意键继续…
```

例题 7.24: 利用冒泡排序法对输入的 8 个数据按升序排序。

分析: 冒泡排序的算法描述如下:

输入 8 个数据,存放到 a[0]~a[7]的 8 个数组元素中。

① 第 1 轮从 a[0]到 a[n-1]依次把相邻的元素两两比较,即 a[0]与 a[1]比,a[1]与 a[2]比,…,a[6]与 a[7]比。

② 每次相邻元素比较后,若顺序不对,则交换两个元素的值,否则不交换。

比如:第一轮,从 a[0]到 a[7]依次两两元素比较,最大值排在了 a[7]位置,如图 7.5 所示。

a[0]	a[1]	a[2]	a[3]	a[4]	a[5]	a[6]	a[7]	
8	4	5	1	6	7	9	3	→ 8和4比，交换
4	8	5	1	6	7	9	3	→ 8和5比，交换
4	5	8	1	6	7	9	3	→ 8和1比，交换
4	5	1	8	6	7	9	3	→ 8和6比，交换
4	5	1	6	8	7	9	3	→ 8和7比，交换
4	5	1	6	7	8	9	3	→ 8和9比，不交换
4	5	1	6	7	8	9	3	→ 9和3比，交换
4	5	1	6	7	8	3	9	→ 第一轮结果

图 7.5　第一轮比较

第二轮，从 a[0] 到 a[6] 依次两两元素比较，第二大的值排在了 a[6] 位置，如图 7.6 所示。

a[0]	a[1]	a[2]	a[3]	a[4]	a[5]	a[6]	
4	5	1	6	7	8	3	→ 4和5比，不交换
4	5	1	6	7	8	3	→ 5和1比，交换
4	1	5	6	7	8	3	→ 5和6比，不交换
4	1	5	6	7	8	3	→ 6和7比，不交换
4	1	5	6	7	8	3	→ 7和8比，不交换
4	1	5	6	7	8	3	→ 8和3比，交换
4	1	5	6	7	3	8	→ 第二轮结果

图 7.6　第二轮比较

依此类推，第三轮结果是 7，排在了 a[5] 位置；第四轮结果是 6，排在了 a[4] 位置；第五轮结果是 5，排在了 a[3] 位置；第六轮结果是 4，排在了 a[2] 位置；第七轮结果是 3，排在了 a[1] 位置；第八轮结果是 1，排在了 a[0] 位置。

完整案例代码如下：

```
1    #include<stdio.h>
2    #define N 8
3    int main()
4    {    int i, j, t, a[N];
5         printf("请输入%d个整数:\n",N);
6         for(i = 0; i < N; i ++)
7              scanf("%d", &a[i]);
8         for(i = 0; i < N; i ++)
9              for(j =0; j < N - i - 1; j ++)
10                  if(a[j] > a[j +1])
11                  {t = a[j];a[j] = a[j + 1], a[j +1] = t;}
12         printf("排序之后:\n");
13         for(i = 0 ; i < N; i ++)
14              printf("%3d",a[i]);
15         return 0;
16   }
```

输出结果：

```
请输入 8 个整数：
8 4 5 1 6 7 9 3
排序之后：
   1   3   4   5   6   7   8   9请按任意键继续…
```

例题 7.25：选择法排序。从键盘输入 6 个数，要求按升序排序，输出排序结果。

算法描述：

（1）利用循环语句由键盘输入 6 个数，依次放入 a 数组。

（2）排序方法如下：

①第一轮，用 a[0]依次与 a[1]，a[2]，…，a[5]进行比较，若次序不对，就交换，否则不交换。本轮结束后，a[0]中就是 6 个数中的最小数。

②第二轮，用 a[1]依次与 a[2]，…，a[5]进行比较，处理方法与①相同。本轮结束后，a[1]中为 6 个数中的次小数。

③ 重复上述过程，至第五轮，比较 a[4]与 a[5]，把小者存入 a[4]，此时 a[5]存放的就是最大数。到此为止，6 个数已按升序排好。

（3）完成上述操作需采用二重循环结构，外循环变量 i 从 0 循环到 4，共循环 5 次；内循环变量 j 从 i+1 循环到 5。

比如：第一轮，a[0] 与 a[1]，a[2]，…，a[5]进行比较，最小值排在了 a[0]位置，如图 7.7 所示。

a[0]	a[1]	a[2]	a[3]	a[4]	a[5]	
4	5	1	6	7	8	→ 4与5比，不交换
4	5	1	6	7	8	→ 4和1比，交换
1	5	4	6	7	8	→ 1和6比，不交换
1	5	4	6	7	8	→ 1和7比，不交换
1	5	4	6	7	8	→ 1和8比，不交换
1	5	4	6	7	8	→ 第一轮结果

图 7.7　第一轮比较

第二轮，a[1] 与 a[2]，a[3]，…，a[5]进行比较，次小值排在了 a[1]位置，如图 7.8 所示。

a[1]	a[2]	a[3]	a[4]	a[5]	
5	4	6	7	8	→ 5与4比，交换
4	5	6	7	8	→ 4和6比，不交换
4	5	6	7	8	→ 4和7比，不交换
4	5	6	7	8	→ 4和8比，不交换
4	5	6	7	8	→ 第二轮结果

图 7.8　第二轮比较

完整案例代码如下：

```
1    #include<stdio.h>
2    int main()
3    {
4        int i, j, t, a[6];
5        printf("请输入 6 个整数:");
6        for(j = 0; j<6; j++)
7            scanf("%d", &a[j]); //从键盘输入 10 个数
8        for(i=0; i < 5; i++) //外循环,循环 5 次
9            for(j = i+1; j < 5; j++) //内循环
10               if(a[i] > a[j]) //如果前面的数比后面的大
11                   {t = a[i]; a[i] = a[j]; a[j] = t;} //交换位置
12       printf("排序之后:\n");
13       for(j = 0; j < 6; j++)
14           printf("%5d", a[j]); //输出排序后的数
15       return 0;
16   }
```

输出结果:

```
请输入 6 个整数:8 4 5 1 6 7
排序之后:
    1    4    5    6    8    7请按任意键继续…
```

例题 7.26:假设已有 10 个整数按升序存放在数组 m 中,要求编程实现从键盘输入一个任意的整数 x,将它存放到数组 m 中,使数组中的 10 个整数仍按升序存放。

完整案例代码如下:

```
1    #include<stdio.h>
2    int main()
3    {    int m[11] = {1,3,5,7,9,11,15,22,28,33},i,x;
4        printf("插入前的数组:");
5        for(i=0;i<10; i++)     //输出插入 x 以前的 a 数组
6            printf("%3d",m[i]);
7        printf("\n请输入要插入的数:");
8        scanf("%d",&x);
9        for(i=9;i>=0;i--) //从最后一个数开始向前找 x 的位置
10           if(m[i]<x) //找到 n 的位置后,将 x 插入数组
11           {    m[i+1]=x;
12               break; //x 已插入数组 m 中,结束循环
13           }
14           else
15               m[i+1]=m[i]; //比 x 大的数后移一个位置
16       if(i<0)
17           m[0]=x;       //所有的数都比 x 大,则将 n 插入 m[0]
18       printf("插入以后的数组:");
19       for(i=0;i<11; i++)    //输出插入 x 以后的数组 m
20           printf("%4d",m[i]);
21       printf("\n");
22       return 0;
23   }
```

输出结果：

```
插入前的数组： 1  3  5  7  9 11 15 22 28 33
请输入要插入的数:8
插入以后的数组： 1  3  5  7  8  9  11  15  22  28  33
请按任意键继续…
```

例题 7.27：利用顺序查找,在给定的数据中查找一个数据是否存在。若存在,输出"Yes",否则输出"No"。

完整案例代码如下：

```
1     #include <stdio.h>
2     #define N 10
3     int main()
4     {   int a[N], i, x;
5         printf("输入%d个整数:",N); //提示输入10个数
6         for(i = 0; i <= N-1; i ++)
7             scanf ("%d", &a[i]);
8         printf("输入要找的数 x:");
9         scanf ("%d", &x); //输入要找的数
10        for(i =0; i <=N-1 && a[i]! = x; i ++);//循环查找
11        if(i >=N) {//若条件成立,说明没有要找的数
12            printf("No\n");
13        }
14        else{
15            printf("Yes\n");//找到了这个元素
16        }
17        return 0;
18    }
```

输出结果一：

```
输入10 个整数:1 9 7 3 6 5 41 55 88 99
输入要找的数 x:5
Yes
请按任意键继续…
```

输出结果二：

```
输入10 个整数:1 2 3 4 5 6 7 8 9 10
输入要找的数 x:12
No
请按任意键继续…
```

例题 7.28：编程计算 4×4 矩阵的两条对角线上所有元素之和。

```
1    #include < stdio.h >
2    int main()
3    {
4        int a[4][4] = {3,4,5,6,4,5,6,7,6,5,4,3,2,3,4,5},sum = 0,i,j;
5        printf("数组:\n");
6        for(i = 0;i < 4;i ++)
7        {
8            for(j = 0;j < 4;j ++)
9                printf("%3d",a[i][j]);
10           printf("\n");
11       }
12       for(i = 0;i < 4;i ++)
13       for(j = 0;j < 4;j ++)
14           if(i == j||i + j == 3)
15               sum = sum + a[i][j];
16       printf("对角线元素之和为:%d\n",sum);
17       return 0;
18   }
```

输出结果:

```
数组:
  3  4  5  6
  4  5  6  7
  6  5  4  3
  2  3  4  5
对角线元素之和为:36
请按任意键继续…
```

例题 7.29:给 N 个城市名按照字母顺序排序。

第一步:输入预编译的头文件命令,定义符号常量 N,并编写主函数 main( )。

```
#include < stdio.h >
#include < string.h >
#define N 6
int main()
{
    …
}
```

第二步:定义变量,定义字符型一维数组 temp[21]和二维数组 city[N][21]。

```
…
    int i,j;
    char city[N][20],temp[20];
…
```

第三步:利用循环输入 6 个城市名的字符串,保存到字符数组中。

```
...
    printf("请输入%d个城市名:\n",N);
    for(i=0;i<N;i++)
    {
        printf(" %d: ",i+1);
        gets(city[i]);
    }
...
```

第四步:对5个城市名的字符串进行冒泡排序。这里使用了字符串处理函数。

```
...
    for(i=0;i<N-1;i++)
    {
        for(j=0;j<N-1-i;j++)
        {
            if(strcmp(city[j],city[j+1])>0)
            {
                strcpy(temp,city[j]);
                strcpy(city[j],city[j+1]);
                strcpy(city[j+1],temp);
            }
        }
    }
...
```

第五步:输出排好序的6个城市名。

```
...
    printf("排序后的城市为:\n");
    for(i=0;i<N;i++)
    {
        printf(" %d: ",i+1);
        puts(city[i]);
    }
...
```

完整案例代码如下:

```
1    #include<stdio.h>
2    #include <string.h>
3    #define N 6   //1.假设要排序的是6个城市名
4    int main()
5    {
6        int i,j;
7        char city[N][21],temp[21];//2.每个城市名不能超过20个字符
8        printf("请输入%d个城市名:\n",N);
```

```
9          for(i =0;i <N;i ++)//3.利用循环输入 6 个城市名的字符串,保存到字符数组中
10
11         {
12             printf("%d: ",i +1);
13             gets(city[i]);
14         }
15     //4.对 6 个城市名的字符串进行冒泡排序。
16     //这里使用了字符串处理函数 strcmp,strcpy 等
17     for(i =0;i <N -1;i ++)
18     {
19         for(j =0;j <N -1 -i;j ++)
20         {
21             if(strcmp(city[j],city[j +1]) >0)
22             {
23                 strcpy(temp,city[j]);
24                 strcpy(city[j],city[j +1]);
25                 strcpy(city[j +1],temp);
26             }
27         }
28     }
29     printf("排序后的城市为:\n");
30     for(i =0;i <N;i ++)//5.输出排好序的 6 个城市名
31     {
32         printf(" %d: ",i +1);
33         puts(city[i]);
34     }
35     return 0;
36 }
```

输出结果:

```
请输入 6 个城市名:
1: changsha
2: wuhan
3: chengdu
4: beijing
5: shanghai
6: fuzhou
排序后的城市为:
1: beijing
2: changsha
3: chengdu
4: fuzhou
5: shanghai
6: wuhan
请按任意键继续…
```

例题 7.30:编制简易学生成绩查询系统。

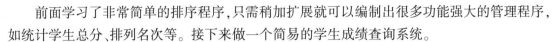

前面学习了非常简单的排序程序,只需稍加扩展就可以编制出很多功能强大的管理程序,如统计学生总分、排列名次等。接下来做一个简易的学生成绩查询系统。

表7.5为学生成绩登记表,下列程序将完成如下功能:

①根据输入的学生学号,给出各次考试成绩及平均成绩;

②根据输入考试的次数,打印出该次考试中每个学生的成绩,并给出平均分;

③根据学号查出学生某次考试成绩;

④录入考试成绩。

表7.5 学生成绩登记表

学号	第1次考试	第2次考试	第3次考试	第4次考试	第5次考试	第6次考试	第7次考试
1	82	76	92	72	87	84	89
2	74	73	72	93	93	87	83
3	95	81	74	94	84	87	94
4	87	95	72	86	86	96	92
5	96	92	94	72	79	95	71

完整案例代码如下:

```
1   #include < stdio.h >
2   int main()
3   {
4       int select;
5       int i,j,num,exam;
6       int score[6][8];
7       int ave = 0;
8       int sum = 0;
9       do{
10          printf("程序有4个功能:\n");
11          printf("1.成绩录入\n");
12          printf("2.根据学号查询学生成绩\n");
13          printf("3.根据考试号统计成绩\n");
14          printf("4.根据考试号和学号查询成绩\n");
15          printf("0.退出\n");
16          printf("请输入选择(0-4):");
17          scanf("%d", &select);
18          switch(select){
19              case 0:
```

```
20                  printf("OK\n");
21                  exit(0);
22                  break;
23              case 1:
24                  printf("请输入成绩\n");
25                  for(i=1;i<6;i++)
26                      for(j=1;j<8;j++)
27                          scanf("%d",&score[i][j]);
28                  break;
29              case 2:
30                  sum=0;
31                  printf("请输入学号:");
32                  scanf("%d",&num);
33                  for(j=1;j<8;j++)
34                  {
35                      printf("第%d科成绩是%d\n",j,score[num][j]);
36                      sum=sum+score[num][j];
37                  }
38                  ave=sum/7;
39                  printf("学生的平均成绩是%d\n",ave);
40                  break;
41              case 3:
42                  sum=0;
43                  printf("请输入考试号:");
44                  scanf("%d",&exam);
45                  for(j=1;j<6;j++)
46                  {
47                      printf("第%d号学生的本科考试成绩是%d\n",
48                              j,score[j][exam]);
49                      sum=sum+score[j][exam];
50                  }
51                  ave=sum/5;
52                  printf("本科目的平均成绩是%d\n",ave);
53                  break;
54              case 4:
55                  printf("请输入学号和考试号:");
56                  scanf("%d%d",&num,&exam);
57                  printf("第%d号学生的第%d科目的考试成绩是%d\n",
58                          num,exam,score[num][exam]);
59                  break;
60              default:
61                  break;
62          }
63      }while(1);
64      return 0;
65  }
```

输出结果:

程序有4个功能：

1．成绩录入

2．根据学号查询学生成绩

3．根据考试号统计成绩

4．根据考试号和学号查询成绩

0．退出

请输入选择(0－4):1

请输入成绩

82 76 92 72 87 84 89

74 73 72 93 93 87 83

95 81 74 94 84 87 94

87 95 72 86 86 96 92

96 92 94 72 79 95 71

程序有4个功能：

1．成绩录入

2．根据学号查询学生成绩

3．根据考试号统计成绩

4．根据考试号和学号查询成绩

0．退出

请输入选择(0－4):2

请输入学号:1

第1科成绩是82

第2科成绩是76

第3科成绩是92

第4科成绩是72

第5科成绩是87

第6科成绩是84

第7科成绩是89

学生的平均成绩是83

程序有4个功能：

1．成绩录入

2．根据学号查询学生成绩

3．根据考试号统计成绩

4．根据考试号和学号查询成绩

0．退出

请输入选择(0－4):3

请输入考试号:2

第1号学生的本科考试成绩是76

第2号学生的本科考试成绩是73

第3号学生的本科考试成绩是81

第4号学生的本科考试成绩是95

第5号学生的本科考试成绩是92

本科目的平均成绩是83

程序有4个功能：

1．成绩录入

2．根据学号查询学生成绩

3．根据考试号统计成绩

4．根据考试号和学号查询成绩

0.退出

请输入选择(0-4):4

请输入学号和考试号:1 3

第 1 号学生的第 3 科目的考试成绩是 92

程序有 4 个功能:

1.成绩录入

2.根据学号查询学生成绩

3.根据考试号统计成绩

4.根据考试号和学号查询成绩

0.退出

请输入选择(0-4):0

OK

请按任意键继续…

7.6 总结

本章主要讲解数组的相关知识与运用,主要注意以下几点:

1. 数组是可以在内存中连续存储多个元素的结构,数组中的所有元素必须属于相同的数据类型。

2. 数组必须先声明,然后才能使用。

3. 数组的元素通过数组下标访问。

4. 字符串与字符数组的区别是字符串的末尾有一个空字符' \0',以标识字符串结束。

5. 在 string.h 中定义了很多字符串处理函数,比较常用的有 strcpy( ),strcat( ),strcmp( ) 和 strlen( )。

习题

1. 编写程序,要求用户输入一串数,然后逆序输出这些数,运行结果类似如下:

请输入 10 个数:34 12 55 89 7 25 47 33 50 9

逆序后是:9 50 33 47 25 7 89 55 12 34

2. 使用 scanf 输入 10 个学生的成绩(实数),要求输出所有高出平均分的成绩。

3. 使用 scanf 输入 10 个整数,然后使用 scanf 输入一个变量 x,在前 10 个整数中查找是否有与 x 相等的一个数。如果有,则输出"1",否则,输出"0"。

4. 将一个数组中的元素倒过来。

假设有定义 int a[8] = {1,2,3,4,5,6,7,8},补充下面程序,使得输出是:8 7 6 5 4 3 2 1。

```
# include "stdio.h"
int main(void)
{
```

```
int a[8] = {1, 2, 3, 4, 5, 6, 7, 8};
int i, j;
_____//补充程序,使得满足输出的数据是倒过来的,可以是多行
for (i = 0; i < 8; ++i)
    printf("%d ", a[i]); //输出是:8 7 6 5 4 3 2 1
return 0;
}
```

5. 分析程序的运行结果(看懂程序后,自己再敲一遍,运行一遍,最后再默写出来)。

```
#include <stdio.h>
#include <stdio.h>
int main(void)
{
    int i,j,k,p;
    int a[6] = {3,2,1,4,6,5},t;
    for(i = 0;i < 5;i ++)
    {
        t = i;p = a[i];
        for(j = i +1;j <= 5;j ++)
            if(a[i] > a[j])
            {
                a[i] = a[j];t = j;
            }
        if(t! =!) a[t] = p;
        printf("第%d 次循环后数组的值是:",i +1);
        for(k = 0;k < 6;k ++)
            printf("a[%d] = %d ",k, a[k]);
        printf("\n");
    }
    return 0;
}
```

6. 编写程序,检查输入的数中是否有重复出现的数字,运行结果类似如下:

```
请输入一个整数(不大于2147483647):28121
有重复数字!
```

7. 修改第6题,使其可以显示出哪些数字有重复(如果有的话):

```
请输入一个整数(不大于2147483647):28121
有重复数字:1 2
```

8. 修改第6题,使其打印一份列表,显示出每个数字在数中出现的次数:

```
请输入一个整数(不大于2147483647):41271092
数字:0 1 2 3 4 5 6 7 8 9
次数:1 2 2 0 1 0 0 1 0 1
```

9. 修改第 6 题,使得用户输入的数小于等于 0 时,程序终止。

10. 使用 scanf 输入一个 3 行 4 列的矩阵,要求编写程序输出其中值最大的那个元素,以及其所在的行号和列号。

11. 判断字符串是否是回文。

所谓回文,是指正向阅读和逆向阅读结果都是一样的。例如,ABA 是回文,ABBA 是回文,ABCA 不是回文。假设长度为 1 的字符串一定是回文。

例如,使用 gets 函数输入"ABCBA",则输出"Yes. "。

12. 查找字符串。

输入一个字符串 str[100] 和一个字符 ch,判断 ch 在字符串中第一次出现的位置。如果没有出现,则输出 −1。

例如,输入"ABC",输入"B",输出"1"。

13. 将一个二维数组行列元素互换,存到另一个数组后输出。

14. 输出一个二维数组每一行的最大值。

第八章

指 针

小习：小羽，你知道"指针"是什么吗？

小羽：不知道，是绣花针那种东西吗？

小习：当然不是了，指针是 C 语言里面很重要的一个概念。通过指针，我们可以更便捷地操作数组，还能更高效地实现对计算机底层硬件的操作，所以，可以说，指针是 C 语言的精髓所在。

小羽：原来如此，那可得好好学习了。那么指针又有哪些内容需要学习呢？

小习：指针相关的知识点主要有以下 5 点：

1. 指针的基本概念

2. 指针变量

3. 指针与数组

4. 指针与字符串

5. 指针与函数

小羽：哇，内容还不少呢！

小习：是的，指针部分非常重要，又有点复杂，所以需要静下心来好好学习哦！

小羽：好，我们开始学习吧！

8.1 指针与指针变量

与其他高级编程语言相比，C 语言可以更高效地对计算机硬件进行操作，而计算机硬件的操作指令在很大程度上依赖于地址。指针本质上是一种对地址操作的方法，因此首先需要了解一下计算机中的地址。

8.1.1 内存与地址

在计算机中，数据是存放在内存单元中的，一般把内存中的一个字节称为一个内存单元。为了更方便地访问这些内存单元，可预先给内存中的所有内存单元进行地址编号，根据地址编号，可准确找到其对应的内存单元。由于每一个地址编号均对应一个内存单元，因此可以形象地说一个地址编号就指向一个内存单元。C 语言中把地址形象地称作指针。

C 语言中的每个变量均对应内存中的一块内存空间,而内存中每个内存单元均是有地址编号的。在 C 语言中,可以使用运算符 & 来求某个变量的地址。

例如,在如下代码中,定义了字符型变量 c 和整型变量 a,并分别赋初值 'A' 和 100。

```
1.    #include<stdio.h>
2.    int main(void)
3.    {
4.        char c ='A';
5.        int a =100;
6.        printf("a = %d\n",a);//输出变量 a 的值
7.        printf("&a = %x\n",&a);//输出变量 a 的地址
8.        printf("c = %c\n",c);
9.        printf("&c = %x\n",&c);
10.       return 0;
11.   }
```

程序某次的运行结果为:

```
1.    a =100
2.    &a =12ff40
3.    c = A
4.    &c =12ff44
```

分析:

在 C 语言中,字符型变量占一个字节的内存空间,而整型变量所占字节数与系统有关。例如,在 32 位系统中,在 VC++6.0 开发环境中,int 型占 4 个字节。假设程序在某次运行时,变量 a 和 c 在内存中的分配情况如图 8.1 所示。内存单元(每个字节)的地址编号分别为十六进制表示的…,12ff40,12ff41,12ff42,12ff43,12ff44,…,每个地址编号均为对应字节单元的起始地址。

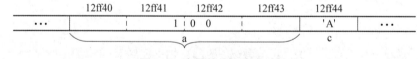

图 8.1　变量的值及内存地址

由图 8.1 可知,变量 a 对应于从地址 12ff40 开始的 4 个字节(12ff40,12ff41,12ff42,12ff43)的内存空间,存储的是整数 100 的 32 位二进制形式(为直观表示,本例并没有转换成二进制形式)。字符型变量 c 对应地址为 12ff44,该地址内存储的是字母对应 ASCII 值的 8 位二进制形式。

语句 printf("a = %d\n",a);输出:a =100。

语句 printf("&a = %x\n",&a); 是按十六进制形式输出变量 a 的地址(a 在内存中的起始地址值)&a =12ff40。

在上例中,变量 a 和 c 的起始地址 12ff40 和 12ff44 均为指针,分别指向变量 a 和变量 c。

区分变量的地址值和变量的值。如上例中,变量 a 的地址值(指针值)为 12ff40,而变量 a

的值为100。

8.1.2　指针变量

可以保存地址值(指针)的变量称为指针变量,因为指针变量中保存的是地址值,故可以把指针变量形象地比喻成地址箱。

指针变量的定义形式如下:

```
类型 * 变量名;
```

例如:

```
1.int pa;
```

定义了一个整型指针变量 pa,该指针变量只能指向基类型为 int 的整型变量,即只能保存整型变量的地址。

说明:

(1) * 号标识该变量为指针类型,当定义多个指针变量时,在每个指针变量名前面均需要加一个 * ,不能省略,否则为非指针变量。例如:

```
1.int *pa,*pb;
```

表示定义了两个指针变量 pa,pb。而

```
1.int *pa,pb;
```

则仅有 pa 是指针变量,pb 是整型变量。

```
1.int *pi,a,b; //等价于 int a,b,*pi
```

表示定义了一个整型指针变量 pi 和两个整型变量 a,b。

(2)在使用已定义好的指针变量时,在变量名前面不能加 * 。例如:

```
1.int *p,a;
2.*p = &a; //错误,指针变量是 p 而不是 *p
```

而如下语句是正确的:

```
1.int a,*p = &a; //正确
```

该语句貌似把 &a 赋给了 *p,而实际上 p 前的 * 仅是定义指针变量 p 的标识,仍然是把 &a 赋给了 p,故是正确的赋值语句。

(3)类型为该指针变量所指向的基类型,可以是 int,char,float 等基本数据类型,也可以是自定义数据类型。

该指针变量中只能保存该基类型变量的地址。

假设有如下变量定义语句:

```
1.int a,b,*pa,*pb;
2.char *pc,c;
```

则

```
1.pa = &a;//正确。pa 基类型为 int,a 为 int 型变量,类型一致
2.pb = &c;//错误。pb 基类型为 int,c 为 char 型变量,类型不一致
3.pc = &c;//正确。pc 基类型为 char,c 为 char 型变量,类型一致
4.*pa = &a;//错误。指针变量是 pa 而非*pa
```

(4)变量名是一个合法标识符,为了与普通变量相区分,一般指针变量名以字母 p(pointer)开头,如 pa,pb 等。

(5)由于是变量,故指针变量的值可以改变,也即可以改变指针变量的指向。

```
1.char c1,*pc,c2;//定义了字符变量 c1、c2 和字符指针变量 pc
```

如下对指针变量的赋值语句均是正确的:

```
1.pc = &c1;//pc 指向 c1
2.pc = &c2;//pc 不再指向 c1,而指向 c2
```

(6)同类型的指针变量可以相互赋值。

```
1.int a,*p1,*p2,b;//定义了两个整型变量 a,b;两个整型指针变量为 p1,p2
2.float *pf;
```

以下赋值语句均是正确的:

```
1.p1 = &a;//地址箱 p1 中保存 a 的地址,即 p1 指向 a
2.p2 = p1;//p2 也指向 a,即 p1 和 p2 均指向 a
```

上述最后一条赋值语句相当于把地址箱 p1 中的值赋给地址箱 p2,即 p2 中也保存 a 的地址,即和 p1 一样,p2 也指向变量 a。

以下赋值语句均是错误的:

```
1.pf = p1;//错误。p1,pf 虽然都是指针变量,但类型不同,不能赋值
2.pf = &b;//错误。指针变量 pf 的基类型为 float,b 的类型为 int,不相同
```

由于指针变量是专门保存地址值(指针)的变量,故本节把指针变量形象地看成"地址箱"。

设有如下定义语句:

```
1.int a = 3,*pa = &a;//pa 保存变量 a 的地址,即指向 a
2.char c = 'd',*pc = &c;//pc 保存变量 c 的地址,即指向 c
```

把整型变量 a 的地址赋给地址箱 pa,即 pa 指向变量 a,同理,pc 指向变量 c,如

图 8.2 所示。

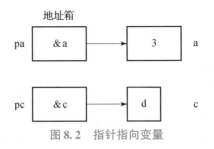

图 8.2　指针指向变量

8.1.3　指针变量的引用

访问内存空间,一般分为直接访问和间接访问。

如果知道内存空间的名字,可通过名字访问该空间,称为直接访问。由于变量即代表有名字的内存单元,故通过变量名操作变量,也就是通过名字直接访问该变量对应的内存单元。

如果知道内存空间的地址,也可以通过该地址间接访问该空间。对内存空间的访问操作一般指的是存取操作,即向内存空间中存入数据和从内存空间中读取数据。

在 C 语言中,可以使用间接访问符(取内容访问符)来访问指针所指向的空间。

例如:

```
1.int *p,a =3;//p 中保存变量 a 对应内存单元的地址
2.p = &a;
```

在该地址 p 前面加上间接访问符 *,即代表该地址对应的内存单元,而变量 a 也对应该内存单元,故 *p 就相当于 a。

```
1.printf("a =%d\n",a); //通过名字,直接访问变量 a 空间(读取)
2.printf("a =%d\n",*p); //通过地址,间接访问变量 a 空间(读取)
3.*p =6;//等价于 a =6;间接访问 a 对应空间(存)
```

8.2　指针与数组

数组是一系列相同类型变量的集合,不管是一维数组还是多维数组,其存储结构都是顺序存储形式,即数组中的元素是按一定顺序依次存放在内存中的一块连续的内存空间中(地址连续)。

指针变量类似于一个地址箱,让其初始化为某个数组元素的地址,以该地址值为基准,通过向前或向后改变地址箱中的地址值,即可让该指针变量指向不同的数组元素,从而达到通过指针变量便可以方便地访问数组中各元素的目的。

8.2.1　一维数组和指针

在 C 语言中,指针变量加 1 表示跳过该指针变量对应的基类型所占字节数大小的空间。

指向数组元素的指针,其基类型为数组元素类型,指针加1表示跳过一个数组元素空间,指向下一个数组元素。

例如:

```
1.int *p,a[10];
2.p=a;//相当于 p=&a[0];
```

说明:数组名a相当于数组首元素a[0]的地址,即a等价于&a[0]。

上述语句定义了整型指针变量p和整型数组a,并使p初始指向数组首元素a[0]。当指针变量和数组元素建立联系后,可通过以下三种方式访问数组元素。

(1)直接访问:数组名[下标];的形式。如a[3];。

(2)间接访问: *(数组名+i);的形式。其中,i为整数,其范围为0<i<N,N为数组大小。数组名a为首元素的地址,是地址常量;a+i表示跳过i个数据元素的存储空间,即(a+i)表示a[i]元素的地址,从而 *(a+i)表示a[i]。

如果指针变量p被初始化为a后不再改变,那么也可以使用 *(p+i)的形式访问a[i],不过这样就失去了使用指针变量访问数组元素的意义。

(3)间接访问: *(指针变量);的形式。当执行语句p=a;后,可以通过改变p自身的值(可通过自增、自减运算),从而使得p中保存不同的数组元素的地址,进而通过 *p访问该数组中不同的元素。这是使用指针访问数组元素较常用的形式。例如,如下代码通过使用指针变量的移动来遍历输出数组中的每个元素。

```
1.for (p=a;p<a+N;p++) //用 p 的移动范围控制循环次数
2.    printf ("%d\t",*p);
```

确定p指针移动的起止地址,即循环控制表达式的确定是使用指针访问数组元素的关键。

p初始指向a[0],即p=&a[0];或p=a;。

p终止指向a[N-1],即p=&a[N-1];或p=a+N-1;。

故可得p的移动范围为p>=a && p<=a+N-1;,而p<=a+N-1,通常写成p<a+N;,由此可得循环条件为for(p=a;p<a+N;p++)。

数组名a和指针变量p的使用说明如下。有如下代码:

```
1.int *p,a[10],i;
2.p=a;
```

(1)执行p=a;后, *(a+i)与 *(p+i)等价,均表示a[i]。

(2)p[i]与a[i]等价。a为地址值,可采用a[i]形式访问数组元素,而p也为地址值,故也可采用p[i]形式访问数组元素。

(3)a为常量地址,其值不能改变,故a++;语法错误。而p为变量,其自身的值可以改变,故p++;正确。

例题8.1:通过指针变量实现对数组元素的输入和输出操作。

实现代码为：

```
1.#include <stdio.h>
2.#define N 10
3.int main (void)
4.{
5.    int *p,a[N],i;
6.    p = a;//p初始指向a[0]
7.    printf("Input the array:\n");
8.    for(i = 0;i < N;i ++) //用整型变量 i 控制循环次数
9.        scanf ("%d",p ++); //指针 p 表示地址,不能写成 &p
10.    printf ("the array is :\n");
11.    for(p = a;p < a +N;p ++) //用 p 的移动范围控制循环次数
12.        printf("%d\t", *p);
13.    return 0;
14.}
```

补充说明：

输入/输出循环控制方法有多种,不管采用哪种,必须准确确定起点和终点的表达式。

(1)输入若采用 p 的移动范围确定循环次数,则代码如下：

```
1.for(p = a;p < a +N;p ++)
2.    scanf("%d",p);
```

这时,for 语句之前的 p = a; 语句可以去掉。

(2)输出若采用移动指针变量 p 控制循环的执行,因为执行完输入操作后,p 已不再指向数组首元素,而是越界的 a[N]初始位置,故必须重新给 p 赋值,让其指向数组的首元素,代码如下：

```
1.p = a;//重新赋值,让 p 指向数组首元素
2.for(i = 0;i < N;i ++)
3.    printf ("%d\t", *p ++);
```

指针值加 1 与地址值加 1 的区别如下：

一般地址单元也称内存单元,是按字节划分的,即地址值加 1,表示跳过一个字节的内存空间。

在 C 语言中,指针变量加 1 表示跳过该指针变量对应基类型所占字节数大小的空间。

在 VC ++6.0 中,整型占 4 字节,故对于整型指针变量来说,指针值加 1 对应地址值加 4,即跳过 4 字节;字符型占 1 个字节,故字符型指针变量加 1,对应地址值也加 1,即跳过 1 字节;double 型占 8 个字节,故 double 型指针变量加 1,对应地址值加 8,即跳过 8 字节等。

8.2.2 二维数组和指针

二维数组的逻辑结构为行列形式,但二维数组的存储结构为顺序形式。即二维数组中的数据元素在内存中的存储地址是连续的,故可以使用指针变量保存各个元素的地址值,进而可

以间接访问二维数组中的各元素。

例如：

```
1. #define M 3
2. #define N 4
3. int a[M][N],*p,i,j;
```

上述语句定义了一个二维整型数组 a、整型指针变量 p 及整型变量 i 和 j。

访问二维数组中的元素，目前可有如下两种方法：

①使用行列下标直接访问，即 a[i][j]形式。如 a[2][3]表示 2 行 3 列数组元素。

②通过地址间接访问，即 *(*(a+i)+j)形式。

M 行 N 列的二维数组 a 可以看成是含有 a[0]，a[1]，…，a[M−1]等 M 个元素(M 行)的特殊一维数组，其每个元素 a[i](每行)又是一个含有 N 个元素(N 列)的一维数组。

由于 a[i]可看成是"一维"数组 a 的元素，而 a 可看成该"一维"数组的数组名。根据一维数组元素和一维数组名的关系可得：a[i]等价于 *(a+i)，均表示 i 行的首地址。

而 i 行又含有 N 个元素(N 列)，即 a[i][0]，a[i][1]，a[i][2]，…，a[i][j]，…，a[i][N−1]。故 a[i]表示 i 行对应一维数组的数组名。由于一维数组名 a[i]即首元素 a[i][0]的地址，即 a[i]等价于 &a[i][0]，用 <--> 表示等价，则有以下关系：

i 行首元素地址：a[i]+0 <--> *(a+i)+0 <-->&a[i][0]

i 行 1 列元素地址：a[i]+1 <--> *(a+i)+1 <-->&a[i][1]

i 行 2 列元素地址：a[i]+2 <--> *(a+i)+2 <-->&a[i][2]

i 行 j 列元素地址：a[i]+j <--> *(a+i)+j <-->&a[i][j]

地址即指针，通过间接访问符 * 可以访问指针所指空间，即可得访问二维数组元素 a[i][j]的几种等价形式如下：

*(a[i]+j) < --> *(*(a+i)+j) < --> *&a[i][j] < -->a[i][j]

例题 8.2：分析如下程序的运行结果，理解二维数组元素 a[i][j]及其对应地址的各种等价表示形式。

```
1. #include < stdio.h >
2. #define M 3
3. #define N 4
4. int main (void)
5. {
6.     int *p,a[M][N] = {{1,2,3,4},{5,6,7,8},{9,10,11,12}};
7.     p = &a[0][0];
8.     printf("The address of different rows:\n");
9.     printf ("a + 0 = %p\n",a);
10.    printf ("a + 1 = %p\n",a + 1);
11.    printf ("a + 2 = %p\n\n",a + 2);
12.    printf("The same address:\n");
13.    printf ("a[2] + 1 = %p\n",a[2] + 1);
```

```
14.    printf("*(a+2) +1 = %p\n",*(a + 2) +1);
15.    printf("&a[2][1] = %p\n\n",&a[2][1]);
16.    printf("The same element:\n");
17.    printf("*(a[1] + 3) = %d\n",*(a[1] + 3));
18.    printf("*(*(a + 1) + 3) = %d\n",*(*(a + 1) +3));
19.    printf("a[1][3] = %d\n", a[1][3]);
20.    return 0;
21. }
```

程序某次的运行结果为：

```
1. The address of different rows:
2. a + 0 = 0060FEDC
3. a + 1 = 0060FEEC
4. a + 2 = 0060FEFC
5.
6. The same address:
7. a[2] + 1 = 0060FF00
8. *(a +2) +1 = 0060FF00
9. &a[2][1] = 0060FF00
10.
11.    The same element:
12.    *(a[1] + 3) = 8
13.    *(*(a + 1) + 3) = 8
14.    a[1][3] = 8
```

8.2.3 数组指针和指针数组

1. 数组指针

数组指针,即指向一维数组的指针。

数组指针的定义格式为:

```
类型 (*指针名)[N]; //N元素个数
```

数组指针是指向含 N 个元素的一维数组的指针。由于二维数组每一行都是一维数组,故通常使用指向一维数组的指针指向二维数组的每一行。例如:

```
1. int (*p)[5];
```

上述语句表示定义了一个指向一维数组的指针 p,或者简称为一维数组指针 p,该指针 p 只能指向含 5 个元素的整型数组。

在定义数组指针时,如果漏写括号(),即误写成如下定义形式:

```
1. int *p[5];
```

由于下标运算符[]比 * 运算符的优先级高,p 首先与下标运算符[]相结合,说明 p 为数组,该数组中有 5 个元素,每个为 int * 型,即 p 为指针数组。

二维数组a[M][N]分解为一维数组元素a[0],a[1],…,a[M-1]之后,其每一行a[i]均是一个含N个元素的一维数组。如果使用指向一维数组的指针来指向二维数组的每一行,通过该指针可以较方便地访问二维数组中的元素。

使用数组指针访问二维数组中的元素。

例如:

```
1. #define M 3
2. #define N 4
3. int a[M][N],i,j;
4. int (*p)[N] = a; //等价于两条语句 int (*p)[N]; p = a;
```

以上语句定义了M行N列的二维整型数组a及指向一维数组(大小为N)的指针变量p,并初始化为二维数组名a,即初始指向二维数组的0行。

i行首地址与i行首元素地址的区别如下。

i行首元素的地址,是相对于i行首元素a[i][0]来说的,把这种具体元素的地址称为一级地址或一级指针,其值加1表示跳过一个数组元素,即变为a[i][1]的地址。

i行首地址是相对于i行这一整行来说的,不是具体某个元素的地址,是二级地址,其值加1表示跳过1行元素对应的空间。

对二级指针(某行的地址)做取内容操作即变成一级指针(某行首元素的地址)。

两者的变换关系为:

*(i行首地址) = i行首元素地址

0行首地址:p+0 <-->a+0

1行首地址:p+1 <-->a+1

…

i行首地址:p+i <-->a+i

i行0列元素地址:*(p+i)+0 <--> *(a+i)+0 < -- >&a[i][0]

i行1列元素地址:*(p+i)+1 <--> *(a+i)+1 < -- >&a[i][1]

…

i行j列元素地址:*(p+i)+j <--> *(a+i)+j <-->&a[i][j]

i行j列对应元素:*(*(p+i)+j) <--> *(*(a+i)+j) <-->a[i][j]

由此可见,当定义一个指向一维数组的指针p,并初始化为二维数组名a时,即p = a;,用该指针访问元素a[i][j]的两种形式*(*(p+i)+j)与*(*(a+i)+j)非常相似,仅把a替换成了p而已。

由于数组指针指向的是一整行,故数组指针每加1表示跳过一行,而二维字符数组中每一行均代表一个串,因此,在二维字符数组中运用数组指针能较便捷地对各个串进行操作。

2. 指针数组

指针数组,即存储指针的数组,数组中的每个元素均是同类型的指针。

指针数组的定义格式为：

类型 * 数组名[数组大小];

例如，如下语句定义了一个含有 5 个整型指针变量的一维数组。

```
1. int * a[5];
```

数组 a 中含有 5 个元素，每个元素均是整型指针类型。
可以分别为数组的各个元素赋值，例如：

```
1. int a0,a1,a2,a3,a4;
2.
3. a[0] = &a0;
4. a[1] = &a1;
5. …
6. a[4] = &a4;
```

也可以使用循环语句把另一个数组中每个元素的地址赋给指针数组的每个元素。例如：

```
1. int i, * a[5],b[] = {1,2,3,4,5};
2. for(i = 0;i < 5;i ++)
3.    a[i] = &b[i];
```

这样指针数组 a 中每个元素 a[i]中的值，均为 b 数组对应各元素的地址 &b[i]，即整型指针。由于 a[i] = &b[i]，两边同时加取内容运算符 *，即 * a[i] = * &b[i] = b[i]，即通过指针数组中的每个元素 a[i]可间接访问 b 数组。如下程序可以输出 b 数组中的所有元素。

```
1. for(i = 0;i < 5;i ++)
2.    printf ("%d\t", * a[i]) ; // * a[i] = b[i]
```

指针数组最主要的用途是处理字符串。在 C 语言中，一个字符串常量代表返回该字符串首字符的地址，即指向该字符串首字符的指针常量，而指针数组的每个元素均是指针变量，故可以把若干字符串常量作为字符指针数组的每个元素。通过操作指针数组的元素间接访问各个元素对应的字符串。例如：

```
1. char * c[4] = {"if","else","for","while"};
2. int i;
3. for (i = 0;i < 4;i ++) // 需确定数组元素个数
4.    puts (c[i]) ; // 输出 c[i]所指字符串
```

上述方法需要知道数组元素个数，即该数组中字符串的个数。更通常的做法是，在字符指针数组的最后一个元素(字符串)的后面存一个 NULL 值。NULL 不是 C 语言的关键字，在 C 语言中，NULL 为宏定义。

```
1. #define NULL ((void * ) 0)
```

NULL 在多个头文件中均有定义,如 stdlib. h,stdio. h,string. h,stddef. h 等。只要包含上述某个头文件,均可以使用 NULL。

上述语句可以修改为:

```
1. char *c[] = {"if","else","for", "while", NULL};
2. int i;
3. for (i =0;c[i]! =NULL;i ++) //NULL 代替使用数组大小
4.     puts (c[i]);
```

8.3 指针与字符串

8.3.1 常量字符串与指针

1. 字符串与字符指针常量

字符串常量返回的是一个字符指针常量,该字符指针常量中保存的是该字符串首字符的地址,即指向字符串中第一个字符的指针。

例如,字符串常量"abcd"表示一个指针,该指针指向字符'a',表达式"abcd" +1 是在指针"abcd"值的基础上加 1,故也是一个指针,指向字符串中第二个字符的指针常量。同理,"abcd" +3 表示指向第 4 个字符'd'的指针常量。

由于"abcd" +1 表示指向字符'b'的指针常量,即保存'b'的地址,故如下两条语句均是输出从该指针地址开始直到遇到字符串结束符'\0'为止的字符串"bcd"。

```
1. puts("abcd" +1);
```

等价于

```
1. printf ("%s\n","abcd" +1);
```

既然字符串返回指针,那么通过间接访问符 * 可以访问该指针所指向的字符,例如: *("abcd" +1)表示字符'b'; *("abcd" +3)表示字符'd'; *("abcd" +4)表示空字符'\0'; *("abcd" +5)已越界,表示的字符不确定。

所以,以下两条语句均输出字符'c':

```
1. putchar (*("abcd" +2)); //输出字符
2. printf ("%c",*("abcd" +2));//输出字符'c'
```

以下语句输出空字符(字符串结束符):

```
1. putchar (*("abcd" +4)); //输出字符串结束符空字符
```

由于"abcd" +5 表示的指针已超出字符串存储空间,该指针指向的内容 *("abcd" +5)不确定。

```
1. putchar ( * ("abcd" +5)) ; //禁止使用。其值不确定
```

当字符数组名用于表达式时,也是作为字符指针常量的,例如:

```
1. char c[] = "xyz";
```

数组名 c 为指针常量,即字符的地址,故 c + 1 为字符'y'的地址,故如下语句输出 yz。

```
1. puts(c +1);//输出 yz 并换行
```

字符串和字符数组名均表示指针常量,其本身的值不能修改。如下语句均是错误的。

```
1. c ++ ; //错误。字符数组名 c 为常量
2. "xyz" ++ ; //错误。字符串表示指针常量,其值不能修改
3. * ("xyz" +1) ='d'; //运行时错误。试图把 y,变为 W
```

2. 字符串与字符指针变量

在 C 语言中,经常定义一个字符指针变量指向一个字符串,例如:

```
1.char * pc = "abcd";
```

定义了一个字符指针变量 pc,并初始化为字符串"abcd",即初始指向字符串的首字符,pc = pc +1;表示向后移动一个字符单元,pc 保存字符'b'的地址,即指向字符 1。通过每次使 pc 增1,可以遍历字符串中的每个字符。

例如,如下代码段通过指针变量依次遍历输出所指字符串中的每个字符。

程序代码为:

```
1. #include <stdio.h >
2. int main (void)
3. {
4.     //初始指向首字符
5.     //间接访问所指字符 //pc 依次指向后面的字符
6.     char * pc = "hello,world!";
7.     while ( * pc! ='\0')
8.     {
9.         putchar( * pc);
10.         pc ++;
11. }
12.     return 0;
13. }
```

通过字符指针变量可访问所指的字符串常量,但仅限于"读取"操作,也可以修改字符指针变量的指向,即让其重新指向其他字符串;但不能进行"修改"操作,即不能通过该指针变量企图改变所指字符串的内容。有些编译器在编译时可能不报错,但运行时会发生错误。例如:

```
1. char * pc; //正确,未初始化,随机指向
```

该语句定义了一个字符指针变量,并未显式初始化,属于"野"指针,不能对该指针所指内容进行存取操作。由于 pc 为变量,故可以修改指针的指向,即可以让指针变量 pc 重新指向其他字符串。故如下操作是正确的。

```
1. pc = "abcd"; //正确,让 pc 指向字符串 "abcd"
2. pc = "hello"; //正确,修改 pc 指向,让其指向字符串"hello"
```

此时,字符指针变量 pc 已指向字符串常量"hello",不能通过指针来修改该字符串常量。如下操作是错误的。

```
1. *(pc + 4) ='p'; //运行时错误。试图把'o'字符改变为'p'
```

更不允许企图通过 pc 指针覆盖其所指字符串常量。如下操作企图使用 strcpy 把"xyz"字符串复制并覆盖 pc 所指字符串"hello"。

```
1. strcpy(pc,"xyz");//运行时错误。企图把另一个字符串复制到 pc 空间
```

8.3.2 变量字符串

字符数组可以理解为若干个字符变量的集合,如果一个字符串存放在字符数组中,那么字符串中的每个字符都相当于变量,故该字符串中的每个字符均可以改变,因此可把存放在字符数组中的字符串称为变量字符串。

1. 字符数组空间分配
例如:

```
1. char str[10] = "like";
```

定义了一个字符数组并显式指定其大小是 10(数组空间应足够大,一般大于等于字符串长度 +1),即占 10 个字符空间,前 5 个空间分别存放有效字符 'l','i','k','e' 及结束符 '\0',多余的空间均用'\0'填充。

定义时,也可以不显式指定其大小,让编译器根据初始化字符串长度加 1 来自动分配空间大小。例如:

```
1. char s[] = "like";
```

编译器为该数组分配 5 个字符空间大小,前 4 个为有效字符,第 5 个为结束符'\0'。

2. 访问字符数组元素
使用数组下标的形式可以逐个改变数组中的每个元素,如下所示。

```
1. s[1] = *o';// 正确。
2. s[2] ='v';; // 正确。'k'->'v'
3. puts (s);//输出 love 并换行
```

可以把字符数组和字符指针联合使用,如下所示。

```
1. char str[] ='I Like C Language!';
2. char *ps =str;//初始指向字符串首字符"I"
3. *(ps +3) ='o';//'i'->'o'
4. *(ps +4) ='v';//'k'->'v'
5. ps =str +2;//ps 指向'L'字符
6. puts (ps);//输出 Love C Language!并换行
```

3. 字符数组访问越界

不管采用数组名加下标形式还是使用字符指针变量访问字符串,一定不能越界,否则可能会产生意想不到的结果,甚至程序崩溃。如下操作均是错误的。

```
1. char c[] = "Nan Jing", *pc =c +4; //c 大小:9,pc 指向'J'
2. c[10] ='!'; //错误。没有 c[10]元素,越界存储,编译器不检查数组是否越界
3. *(pc +6) ='!'; //错误。越界存,pc +6 等价于 c[10]
4. putchar (c[9]);//错误,越界取,值不确定
```

4. 字符串结束符

一般把字符串存放于字符数组中时,一定要存储字符串结束符'\0',因为 C 语言库函数中,对字符串处理的函数,几乎都是把'\0'作为字符串结束标志的。如果字符数组中没有存储结束符,却使用了字符串处理函数,由于这些函数会寻找结束符'\0',因此可能会产生意想不到的结果,甚至程序崩溃。例如:

```
1. char s1[5] = "hello"; //s1 不含'\0'
2. char s2[] = {'w','o','r','l','d'}; //s2 大小:5,不含'\0'
3. char s3[5]; //未初始化,5 个空间全为不确定值
4. s3[0] ='g';
5. s3[1] ='o';
```

s3 数组的前两个空间被赋值为'g'和'o',未被显式赋值的 s3[2],s3[3],s3[4]依然为不确定值。即 s3 数组中依然不含有字符串结束符'\0'。s3 数组各元素如图 8.3 所示('?'表示不确定值)。

s3[0]	s3[1]	s3[2]	s3[3]	s3[4]
g	o	?	?	?

图 8.3 s3 数组各元素

故以下操作语句严格来说均是错误的,是被禁止的操作。

```
1. puts(s2);//s2 中不含'\0',输出不确定值,甚至程序崩溃
2. strcpy (s1, s3);//运行时错误。s3 中找不到结束符'\0'
3. 注意 s3 数组与如下 s4 数组的区别。
4. char s4[5] = {'g','o'};
```

s4 数组中有 5 个元素,初始化列表中显式提供了两个字符'g'和'o',其他元素使用字符的默认值:空字符,即结束符'\0'。s4 数组各元素如图 8.4 所示。

s3[0]	s3[1]	s3[2]	s3[3]	s3[4]
g	o	\0	\0	\0

图 8.4　s4 数组各元素

故对 s4 数组的如下操作语句均是正确的。

```
1. puts (s4);//输出 go 并换行
2. strcpy (s1,s4);//把 s4 中的串 go 和一个'\o'复制到 s1 中
```

执行上述语句后,s1 数组各元素如图 8.5 所示。

s3[0]	s3[1]	s3[2]	s3[3]	s3[4]
g	o	\0	1	o

图 8.5　s1 数组各元素

此时,s1 数组中也含有字符串结束符。可以调用字符串处理函数(第一次遇到'\0'表示一个串结束),如下所示。

```
1. int len = strlen (s1);//正确,len 为 2
2. puts (s1);//正确,输出 go 并换行
```

5. 通过字符指针修改变量字符串

通过字符指针变量可以访问所指字符数组中保存的字符串,不仅可以读取该数组中保存的字符串,还可以修改该字符串的内容。至于原因,可以从数组的本质上理解:数组是一系列相同类型变量的集合,故其中保存的字符串可以理解为是由若干个字符变量组成的,每个字符变量当然可以改变。

例如:

```
1. #include < stdio.h >
2. #include < string.h >
3. int main (void)
4. {
5.     char str[30] = "Learn and live."
6.     *p = str;
7.     *(p + 6) = 'A';
8.     *(p + 10) = 'L';
9.     puts(str);
10.     return 0;
11. }
```

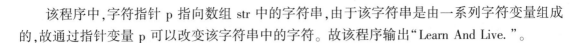

该程序中,字符指针 p 指向数组 str 中的字符串,由于该字符串是由一系列字符变量组成的,故通过指针变量 p 可以改变该字符串中的字符。故该程序输出"Learn And Live. "。

8.4 指针与函数

8.4.1 指针作函数形参——传址调用

在函数章节中,讲述了函数调用的两种形式:传值调用和传址调用,其中,传址调用介绍的是数组类型作函数形参,数组名作实参的形式。

现在介绍传址调用的另外一种形式,即指针变量作函数形参,地址(或其他指针变量)作实参的形式。函数调用时,在函数体内可以通过实参地址间接地对该实参地址对应的空间进行操作,从而实现在函数体内改变外部变量值的功能。

传值调用与传址调用的区别如下:

传值调用:实参为要处理的数据,函数调用时,把要处理数据(实参)的一个副本复制到对应形参变量中,函数中对形参的所有操作均是对原实参数据副本的操作,无法影响原实参数据。并且当要处理的数据量较大时,复制和传输实参的副本可能浪费较多的空间和时间。

传址调用:顾名思义,实参为要处理数据的地址,形参为能够接受地址值的"地址箱"即指针变量。函数调用时,仅是把该地址传递给对应的形参变量,在函数体内,可通过该地址(形参变量的值)间接地访问要处理的数据,由于并没有复制要处理数据的副本,故此种方式可以大大节省程序执行的时间和空间。

8.4.2 指针作函数返回类型——指针函数

有时函数调用结束后,需要函数返回给调用者某个地址,即指针类型,以便于后续操作。这种函数返回类型为指针类型的函数,通常称为指针函数。

指针函数的定义格式为:

```
1. 类型 * 函数名(形参列表)
2. {
3.     …/* 函数体 * /
4. }
```

指针函数在字符串处理函数中尤为常见。

例如,编程实现把一个源字符串 src 连接到目标字符串 dest 之后的函数,两串之间用空格隔开,并返回目标串 dest 的地址。

实现代码为:

```
1. #include < stdio.h >
2. char * str_cat (char * dest, char * src);
```

```
3.  int main (void)
4.  {
5.      char s1[20] = "Chinese";  //目标串
6.      char s2[10] = "Dream";
7.      char *p = str_cat(s1, s2);  //返回地址赋给 p
8.      puts (p);
9.      return 0;
10. }
11.
12. //str_cat 的参数也可为字符数组形式
13. char * str_cat(char * dest, char * src)
14. {
15.     char *p1 = dest, *p2 = src;
16.     while ( *p1! ='\0')  //寻找 dest 串的结尾,循环结束时,p1 指向'\0'字符
17.         p1 ++ ;
18.     *p1 ++ = ' ';  //加空格,等价于 *p1 = ' ';p1 ++ ;
19.     while ( *p2! ='\0')
20.         *p1 ++ = *p2 ++ ;
21.     return dest;
22. }
```

运行结果:

```
1. Chinese Dream
```

8.4.3 指向函数的指针——函数指针

在 C 语言中,整型变量在内存中占一块内存空间,该空间的起始地址称为整型指针,可把整型指针保存到整型指针变量中。函数像其他变量一样,在内存中也占用一块连续的空间,把该空间的起始地址称为函数指针。而函数名就是该空间的首地址,故函数名是常量指针。可把函数指针保存到函数指针变量中。

1. 函数指针的定义

函数指针变量的定义格式为:

```
返回类型( *指针变量名)(函数参数表);
```

说明:上述定义中,指针变量名定义括号不能省略,否则,是为返回指针类型的函数原型声明,即指针函数的声明。

例如:

```
1. int *pf (int,int);/*该语句声明了一个函数原型。该函数名为 pf,含两个 int 型参数,且返回类型为整型指针类型,即 int *。 */
2. int ( *pf) (int,int);/*该语句定义了一个函数指针变量 pf,该指针变量 pf 可以指向任意含有两个整型参数,且返回值为整型的函数。 */
```

如下定义了一个 func 函数。

```
1. int func (int a, int b)
2. {
3.    //…
4. }
```

该函数含有两个整型参数,且返回类型为整型。与 pf 要求指向的函数类型一致,可让 pf 指向该函数,可以采用如下两种方式:

```
1. pf = &func; //正确
2. pf = func; //正确。省略了 &
```

在给函数指针变量赋值时,函数名前面的取地址操作符 & 可以省略。因为在编译时,C 语言编译器会隐含完成把函数名转换成对应指针形式的操作,故加 & 只是为了显式说明编译器隐含执行该转换操作。

可能有些编译器对类型检查不严格,但从严格意义上来说,对函数指针的赋值语句均认为是错误的。

有如下三个函数的原型声明:

```
1. void f1(int);
2. int f2(int,float);
3. char f3(int,int);
```

对上述函数指针的赋值语句均是错误的。

```
1. pf = f1; //错误。参数个数不一致、返回类型不一致
2. pf = f2; //错误。参数 2 的类型不一致
3. pf = f3; //错误。返回类型不一致
```

2. 通过函数指针调用函数

可以通过函数指针调用函数,首先进行函数初始化,接着进行函数的调用。

例如,初始化 f( ) 函数原型及函数指针变量 pf:

```
1. int f (int a);
2. int ( * pf ) (int) = &f; //正确。pf 初始指向 f()函数
```

当函数指针变量 pf 被初始化指向函数 f( )后,调用函数 f( ) 有如下三种形式:

```
1. int result;
2. result = f(2); //正确。编译器会把函数名转换成对应指针
3. result = pf(2); //正确。直接使用函数指针
4. result = ( * pf)(2); //正确。先把函数指针转换成对应函数名
```

函数调用时,编译器把函数名转换为对应指针形式,故前两种调用方式含义一样,而第三种调用方式, * pf 转换成对应的函数名 f( ),编译时,编译器还会把函数名转换成对应指针形式,从这个角度来理解,第三种调用方式走了些弯路。

函数指针通常主要用于作为函数参数的情形。

假如实现一个简易计算器,函数名为 cal( ),假设该计算器有加减乘除等基本操作,每个操作均对应一个函数实现,即有 add( ),sub( ),mult( ),div( )等,这 4 个函数具有相同的参数及返回值类型。即

```
1. int add (int a, int b); //加操作
2. int sub (int a, int b) ; //减操作
3. int mult (int a, int b) ; //乘操作
4. int div (int a, int b); //除操作
```

定义函数指针变量 int(* pf)(int,int);,该函数指针变量 pf 可分别指向这 4 个函数。

如果用户调用该计算器函数 cal( ),希望在不同的时刻调用其不同的功能(加减乘除),较通用的方法是把该函数指针变量作为计算器函数 cal( )的参数。即

```
//计算器函数
1. void cal (int ( * pf) (int, int), int op1, int op2)
2. {
3.     pf (op1,op2) ;//或者( * pf) (op1,op2);
4. }
```

假如当用户希望调用 cal( )函数时实现加操作,只需把加操作函数名 add( )及加数和被加数作为实参传给 cal( )函数即可。此时,pf 指针指向 add( )函数,在 cal( )函数内通过该函数指针变量 pf 调用其所执行的函数 add( )。可采用如下两种调用方式:

```
1. pf (op1,op2);
```

或者

```
1. ( * pf)(op1,op2);
```

例如,使用函数指针编程实现一个简单计算器程序。实现代码为:

```
1. #include <stdio.h>
2. void cal(void ( * pf) (int,int),int op1,int op2);
3. void add (int a, int b) ; //加操作
4. void sub (int a, int b) ; //减操作
5. void mult (int a, int b) ; //乘操作
6. int main (void)
7. {
8.     int sel,x1,x2;
9.     printf ("Select the operator:");
10.     scanf("%d",&sel);
11.     printf("Input two numbers:");
12.     scanf ("%d%d",&x1, &x2);
13.     switch(sel)
14.     {
15.         case 1:
16.             cal(add,x1,x2);
17.             break;
```

```
18.          case 2 :
19.               cal( sub,x1,x2);
20.               break;
21.          case 3 :
22.               cal(mult,x1,x2) ;
23.               break;
24.          default:
25.               printf ("Input error! \n");
26.      }
27.      return 0;
28. }
29. void cal (void ( * pf) (int, int), int op1, int op2)
30. {
31.      pf (op1,op2) ;//或者( * pf)(op1,op2);
32. }
33. void add (int a, int b)
34. {
35.      int result =(a + b);
36.      printf("%d + %d = %d\n",a,b,result);
37. }
38. void sub (int a, int b)
39. {
40.      int result = (a - b);
41.      printf ("%d - %d = %d\n", a,b, result);
42. }
43. void mult (int a, int b)
44. {
45.      int result = (a * b);
46.      printf ("%d * %d = %d\n",a,b,result);
47. }
```

运行结果为：

```
1. Select the operator:1
2. Input two numbers:2 5
3. 2 + 5 = 7
```

习题

一、填空题

1. 在 C 语言中专门有一种变量用于存放其他变量的地址,这种变量称为_____。

2. 指针的加减运算实质上是在内存中移动某个数据类型所占的_____。

3. 在 C 语言中,有一个特殊的运算符可以获取内存地址,该运算符是_____。

4. 当使用指针指向一个函数时,这个指针就称作_____。

5. 指向指针的指针被称为_____。

二、判断题

1. 指针变量实际上存储的并不是具体的值,而是变量的内存地址。

2. 数组名中存放的是数组内存中的首地址。

3. 使用字符指针和字符数组来存储字符串时,二者没有区别。

4. 函数指针可以作为函数的参数。

三、选择题

1. 下列关于指针说法的选项中,正确的是(   )。

A. 指针用来存储变量值的类型

B. 指针类型只有一种

C. 指针变量可以与整数进行相加或相减

D. 指针不可以指向函数

2. 下列选项中(   )是取值运算符。

A. *   B. &   C. #   D. $

3. 下列选项中(   )不属于指针变量 p 的常用运算。

A. p++   B. p*1   C. p--   D. p+2

4. 下列关于指针变量的描述,不正确的是(   )。

A. 在没有对指针变量赋值时,指针变量的值是不确定的

B. 同类指针类型可以进行相减操作

C. 在使用没有赋值的指针变量时,不会出现任何问题

D. 可以通过指针变量来取得它指向的变量值

5. 下列选项中,关于字符指针的说法,正确的是(   )。

A. 字符指针实际上存储的是字符串首元素的地址

B. 字符指针实际上存储的是字符串中所有元素的地址

C. 字符指针与字符数组的唯一区别是字符指针可以进行加减运算

D. 字符指针实际上存储的是字符串常量值

四、编程题

1. 编写一个程序,实现对两个整数值的交换。

要求:

(1)定义一个方法实现交换功能,该方法接收两个指针类型的变量作为参数。

(2)在控制台输出交换后的结果。

2. 定义三个整数及整数指针,仅用指针方法实现按由小到大的顺序输出。

3. 编写一个程序,要求用户输入一个人民币数量,然后显示出如何用最少的 20 元、10 元、5 元和 1 元来付款。要求包含以下函数:

```c
void pay_amount(int dollars, int *twenties,int *tens, int *fives, int *ones);
```

请输入一个人民币数量:93

¥20 元张数:4

¥10 元张数：1

¥5 元张数：0

¥1 元张数：3

提示：将付款金额除以 20，确定 20 元的数量，然后从付款金额中减去 20 元的总金额。对其他面值的钞票重复这一操作。确保在程序中是使用整数值，不要使用浮点数。

4. 定义一个函数，用指针计算数组中元素的平均值。函数原型为"double average（int ＊p，int n）"，参数为指针变量 p 指向整型数组，n 为数组中元素的个数。在主函数中调用该函数。

第九章

结构体

小习：小羽，通过前面的学习，你还记得我们怎么在计算机里描述我们班所有同学的成绩的吗？

小羽：嗯嗯，还记得！我们创建了一个浮点型数组，把全班同学的成绩都存放在数组里面就好了。

小习：没错，通过遍历数组，我们就可以访问所有同学的成绩并算出平均值了。但是，你有没有发现什么问题呢？

小羽：当然，我发现了，就是我们不知道数组中的分数是哪位同学的分数。

小习：没错！数组里面仅仅存放了一个浮点型数据，没有其他指明身份的信息，说明普通数据类型无法表示拥有多个属性的复杂事物，所以，为了解决这个问题，C 语言提出了一种特殊的数据类型——结构体。通过构造结构体，我们可以将多个不同类型的数据聚合在一起来表示一个多属性事物，有利于我们在程序中处理更加复杂的业务逻辑。

小羽：原来如此，看来结构体的作用还是很大呀，那么结构体有什么知识点呢？

小习：本章内容我们将介绍关于结构体的相关知识点，主要内容如下：

1. 认识结构体
2. 结构体数组
3. 结构体和指针
4. 枚举类型
5. 共用体

小羽：内容真多，我们赶紧开始学习吧！

9.1　认识结构体

9.1.1　结构体的概念

在 C 语言中，可以使用结构体（Struct）来存放一组不同类型的数据。结构体的定义形式为：

```
1. struct 结构体名{
2.        结构体所包含的变量或数组
3. };
```

结构体是一种集合,它里面包含了多个变量或数组,它们的类型可以相同,也可以不同,每个这样的变量或数组都称为结构体的成员(Member)。请看下面的一个例子:

```
1. struct stu{
2.     char *name;  //姓名
3.     int num;  //学号
4.     int age;  //年龄
5.     char group;  //所在学习小组
6.     float score;  //成绩
7. };
```

stu 为结构体名,它包含了 5 个成员,分别是 name,num,age,group,score。结构体成员的定义方式与变量和数组的定义方式相同,只是不能初始化。

注意大括号后面的分号,不能少,这是一条完整的语句。

结构体也是一种数据类型,它由程序员自己定义,可以包含多个其他类型的数据。

像 int,float,char 等是由 C 语言本身提供的数据类型,不能再进行分拆,我们称之为基本数据类型;而结构体可以包含多个基本类型的数据,也可以包含其他的结构体,我们将它称为复杂数据类型或构造数据类型。

9.1.2 结构体变量

既然结构体是一种数据类型,那么就可以用它来定义变量。例如:

```
1. struct stu stu1, stu2;
```

定义了两个变量 stu1 和 stu2,它们都是 stu 类型,都由 5 个成员组成。注意关键字 struct 不能少。

stu 就像一个"模板",定义出来的变量都具有相同的性质。也可以将结构体比作"图纸",将结构体变量比作"零件",根据同一张图纸生产出来的零件的特性都是一样的。

也可以在定义结构体的同时定义结构体变量,将变量放在结构体定义的最后即可。

```
1. struct stu{
2.     char *name;  //姓名
3.     int num;  //学号
4.     int age;  //年龄
5.     char group;  //所在学习小组
6.     float score;  //成绩
7. } stu1, stu2;
```

如果只需要 stu1,stu2 两个变量,后面不需要再使用结构体名定义其他变量,那么在定义时也可以不给出结构体名,如下所示:

```
1. struct{  //没有写 stu
2.    char *name;  //姓名
3.    int num;  //学号
4.    int age;  //年龄
5.    char group;  //所在学习小组
6.    float score;  //成绩
7. } stu1, stu2;
```

这样做书写简单,但是因为没有结构体名,后面就没法用该结构体定义新的变量。

理论上讲,结构体的各个成员在内存中是连续存储的,和数组非常类似,例如上面的结构体变量 stu1,stu2 的内存分布如图 9.1 所示,共占用 4 + 4 + 4 + 1 + 4 = 17(字节)。

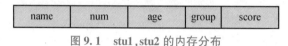

图 9.1   stu1,stu2 的内存分布

但是在编译器的具体实现中,各个成员之间可能会存在缝隙,对于 stu1,stu2,成员变量 group 和 score 之间存在 3 个字节的空白填充(图 9.2)。这样算来,stu1,stu2 其实占用了 17 + 3 = 20(字节)。

图 9.2   成员之间存在缝隙

9.1.3   成员的获取和赋值

结构体和数组类似,也是一组数据的集合,整体使用没有太大的意义。数组使用下标[ ]获取单个元素,结构体使用点号 . 获取单个成员。获取结构体成员的一般格式为:

```
1. 结构体变量名.成员名;
```

例题 9.1:
严老师:阅读下列代码,说出代码的输出内容。

```
1. #include <stdio.h>
2. int main(){
3.    struct{
4.        char *name;  //姓名
5.        int num;  //学号
6.        int age;  //年龄
7.        char group;  //所在小组
8.        float score;  //成绩
9.    } stu1;
10.    //给结构体成员赋值
11.    stu1.name = "Tom";
12.    stu1.num = 12;
13.    stu1.age = 18;
```

```
14.     stu1.group ='A';
15.     stu1.score = 136.5;
16.     //读取结构体成员的值
17.     printf("%s 的学号是%d,年龄是%d,在%c 组,今年的成绩是%.1f!\n", stu1.name,
stu1.num, stu1.age, stu1.group, stu1.score);
18.     return 0;
19. }
```

小习:老师,这段代码的运行结果是:

1.Tom 的学号是12,年龄是18,在 A 组,今年的成绩是136.5!

程工:从例题9.1可以看出,通过"结构体变量名.成员名"这种方式可以获取成员的值,也可以给成员赋值。除了可以对成员进行逐一赋值外,也可以在定义时整体赋值,请看下列代码:

```
1. struct{
2.     char *name;  //姓名
3.     int num;  //学号
4.     int age;  //年龄
5.     char group;  //所在小组
6.     float score;  //成绩
7. } stu1, stu2 = {"Tom", 12, 18, 'A', 136.5 };
```

不过整体赋值仅限于定义结构体变量的时候,在使用过程中只能对成员逐一赋值,这和数组的赋值非常类似。

需要注意的是,结构体是一种自定义的数据类型,是创建变量的模板,不占用内存空间;结构体变量包含了实实在在的数据,需要内存空间来存储。

9.2 结构体数组

所谓结构体数组,是指数组中的每个元素都是一个结构体。在实际应用中,结构体数组常被用来表示一个拥有相同数据结构的群体,比如一个班的学生、一个车间的职工等。

9.2.1 结构体数组初始化

结构体数组的初始化方法主要有3种,如下:

(1)定义结构体数组和定义结构体变量的方式类似,请看下面的例子:

```
1. struct stu{
2.     char *name;  //姓名
3.     int num;  //学号
4.     int age;  //年龄
5.     char group;  //所在小组
6.     float score;  //成绩
7. }class[5];
```

上述代码表示一个班级有 5 个学生。

(2)结构体数组在定义的同时也可以初始化,例如:

```
1. struct stu{
2.    char *name;  //姓名
3.    int num;  //学号
4.    int age;  //年龄
5.    char group;  //所在小组
6.    float score;  //成绩
7. }class[5] = {
8.    {"Li ping", 5, 18, 'C', 145.0},
9.    {"Zhang ping", 4, 19, 'A', 130.5},
10.     {"He fang", 1, 18, 'A', 148.5},
11.     {"Cheng ling", 2, 17, 'F', 139.0},
12.     {"Wang ming", 3, 17, 'B', 144.5}
13. };
```

(3)当对数组中全部元素赋值时,也可以不给出数组长度,例如:

```
1. struct stu{
2.    char *name;  //姓名
3.    int num;  //学号
4.    int age;  //年龄
5.    char group;  //所在小组
6.    float score;  //成绩
7. }class[] = {
8.    {"Li ping", 5, 18, 'C', 145.0},
9.    {"Zhang ping", 4, 19, 'A', 130.5},
10.     {"He fang", 1, 18, 'A', 148.5},
11.     {"Cheng ling", 2, 17, 'F', 139.0},
12.     {"Wang ming", 3, 17, 'B', 144.5}
13. };
```

9.2.2 结构体数组的使用

结构体数组的使用也很简单,例如,获取 Wang ming 的成绩:

```
1. class[4].score;
```

修改 Li ping 的学习小组:

```
1. class[0].group = 'B';
```

以上已经讲解了结构体数组的初始化和使用方法,下面来看一个例子。

例题 9.2:

严老师:设计一段代码,计算全班学生的总成绩、平均成绩和 140 分以下的人数。

小羽:我的代码是这样的:

```
1. #include <stdio.h>
2. struct{
3.     char *name;   //姓名
4.     int num;   //学号
5.     int age;   //年龄
6.     char group;   //所在小组
7.     float score;   //成绩
8. }class[] = {
9.     {"Li ping", 5, 18, 'C', 145.0},
10.     {"Zhang ping", 4, 19, 'A', 130.5},
11.     {"He fang", 1, 18, 'A', 148.5},
12.     {"Cheng ling", 2, 17, 'F', 139.0},
13.     {"Wang ming", 3, 17, 'B', 144.5}
14.     };
15.     int main(){
16.         int i, num_140 = 0;
17.         float sum = 0;
18.         for(i = 0; i < 5; i++){
19.             sum += class[i].score;
20.             if(class[i].score < 140) num_140++;
21.         }
22.         printf("sum = %.2f \naverage = %.2f \nnum_140 = %d \n", sum, sum/5, num_140);
23.         return 0;
24.     }
```

运行结果：

```
1. sum = 707.50
2. average = 141.50
3. num_140 = 2
```

9.3　结构体和指针

9.3.1　结构体指针

指针也可以指向一个结构体，定义的形式一般为：

```
1. struct 结构体名 *变量名;
```

下面是一个定义结构体指针的实例：

```
1. struct stu{
2.     char *name;   //姓名
3.     int num;   //学号
4.     int age;   //年龄
```

```
5.      char group;  //所在小组
6.      float score;   //成绩
7. } stu1 = {"Tom", 12, 18, 'A', 136.5 };
8. //结构体指针
9. struct stu *pstu = &stu1;
```

也可以在定义结构体的同时定义结构体指针：

```
1. struct stu{
2.      char *name;  //姓名
3.      int num;   //学号
4.      int age;   //年龄
5.      char group;  //所在小组
6.      float score;   //成绩
7. } stu1 = {"Tom", 12, 18, 'A', 136.5 }, *pstu = &stu1;
```

注意，结构体变量名和数组名不同，数组名在表达式中会被转换为数组指针，而结构体变量名不会，无论在哪种表达式中，它表示的都是整个集合本身，要想取得结构体变量的地址，必须在前面加 &，所以给 pstu 赋值只能写作：

```
1. struct stu *pstu = &stu1;
```

而不能写作：

```
1. struct stu *pstu = stu1;
```

还应该注意，结构体和结构体变量是两个不同的概念：结构体是一种数据类型，是一种创建变量的模板，编译器不会为它分配内存空间，就像 int，float，char 这些关键字本身不占用内存一样。下面的写法是错误的，不可能去取一个结构体名的地址，也不能将它赋值给其他变量：

```
1. struct stu *pstu = &stu;
2. struct stu *pstu = stu;
```

9.3.2 获取结构体成员

通过结构体指针可以获取结构体成员，一般形式为：

```
1. (*pointer).memberName
```

或者

```
1. pointer ->memberName
```

第一种写法中，. 的优先级高于 *；(*pointer) 两边的括号不能少，如果去掉括号，写作 *pointer. memberName，那么就等效于 *(pointer. memberName)，这样意思就完全不对了。

第二种写法中，-> 是一个新的运算符，习惯称它为"箭头"，有了它，可以通过结构体指针直接取得结构体成员。这也是 -> 在 C 语言中的唯一用途。

上面的两种写法是等效的,通常采用后面的写法,这样更加直观。下面来看一个示例。

例题 9.3:

严老师:写一段代码,用两种方式获取结构体的成员,输出结构体中的信息。

小羽:老师,我的代码是:

```
1. #include <stdio.h>
2. int main(){
3.    struct{
4.        char *name;  //姓名
5.        int num;  //学号
6.        int age;  //年龄
7.        char group;  //所在小组
8.        float score;  //成绩
9.    } stu1 = {"Tom", 12, 18, 'A', 136.5}, *pstu = &stu1;
10.       //读取结构体成员的值
11.       printf("%s 的学号是%d,年龄是%d,在%c 组,今年的成绩是%.1f!\n", (*pstu).
name, (*pstu).num, (*pstu).age, (*pstu).group, (*pstu).score);
12.       printf("%s 的学号是%d,年龄是%d,在%c 组,今年的成绩是%.1f!\n", pstu->name,
pstu->num, pstu->age, pstu->group, pstu->score);
13.       return 0;
14. }
```

运行结果:

```
1. Tom 的学号是 12,年龄是 18,在 A 组,今年的成绩是 136.5!
2. Tom 的学号是 12,年龄是 18,在 A 组,今年的成绩是 136.5!
```

例题 9.4:

严老师:写一段代码,遍历输出结构体数组中的结构体。

小习:老师,我的代码是:

```
1. #include <stdio.h>
2. struct stu{
3.    char *name;  //姓名
4.    int num;  //学号
5.    int age;  //年龄
6.    char group;  //所在小组
7.    float score;  //成绩
8. }stus[] = {
9.    {"Zhou ping", 5, 18, 'C', 145.0},
10.       {"Zhang ping", 4, 19, 'A', 130.5},
11.       {"Liu fang", 1, 18, 'A', 148.5},
12.       {"Cheng ling", 2, 17, 'F', 139.0},
13.       {"Wang ming", 3, 17, 'B', 144.5}
14. }, *ps;
15. int main(){
```

```
16.      //求数组长度
17.      int len = sizeof(stus) / sizeof(struct stu);
18.      printf("Name \t \tNum \tAge \tGroup \tScore \t \n");
19.      for(ps = stus; ps < stus + len; ps ++){
20.          printf("%s \t%d \t%d \t%c \t%.1f \n", ps -> name, ps -> num, ps -> age,
ps -> group, ps -> score);
21.      }
22.      return 0;
23. }
```

运行结果：

```
1. Name            Num      Age      Group    Score
2. Zhou ping       5        18       C        145.0
3. Zhang ping      4        19       A        130.5
4. Liu fang        1        18       A        148.5
5. Cheng ling      2        17       F        139.0
6. Wang ming       3        17       B        144.5
```

9.3.3　结构体指针作为函数参数

　　结构体变量名代表的是整个集合本身，作为函数参数时，传递的是整个集合，也就是所有成员，而不是像数组一样被编译器转换成一个指针。如果结构体成员较多，尤其是成员为数组时，传送的时间和空间开销会很大，影响程序的运行效率。所以最好的办法就是使用结构体指针，这时由实参传向形参的只是一个地址，非常快速。

　　例题9.5：

　　严老师：写一段代码，计算全班学生的总成绩、平均成绩和140分以下的人数。

　　小羽：老师，我的代码是：

```
1. #include <stdio.h>
2. struct stu{
3.      char *name;   //姓名
4.      int num;   //学号
5.      int age;   //年龄
6.      char group;   //所在小组
7.      float score;   //成绩
8. }stus[] = {
9.      {"Li ping", 5, 18, 'C', 145.0},
10.     {"Zhang ping", 4, 19, 'A', 130.5},
11.     {"He fang", 1, 18, 'A', 148.5},
12.     {"Cheng ling", 2, 17, 'F', 139.0},
13.     {"Wang ming", 3, 17, 'B', 144.5}
14. };
15.  void average(struct stu *ps, int len);
16.  int main(){
```

```
17.        int len = sizeof(stus) /sizeof(struct stu);
18.        average(stus, len);
19.        return 0;
20.    }
21.    void average(struct stu *ps, int len){
22.        int i, num_140 = 0;
23.        float average, sum = 0;
24.        for(i =0; i < len; i ++){
25.            sum + = (ps + i) -> score;
26.            if((ps + i) ->score < 140) num_140 ++;
27.        }
28.        printf("sum =%.2f \naverage =%.2f \nnum_140 =%d \n", sum, sum/5, num_140);
29.    }
```

运行结果：

```
1. sum =707.50
2. average =141.50
3. num_140 =2
```

9.4 枚举类型

在实际编程中,有些数据的取值往往是有限的,只能是非常少量的整数,并且最好为每个值都取一个名字,以方便在后续代码中使用,比如一个星期只有 7 天,一年只有 12 个月,一个班每周有 6 门课程等。

以每周 7 天为例,可以使用#define 命令来给每天指定一个名字:

```
1. #include <stdio.h>
2. #define Mon 1
3. #define Tues 2
4. #define Wed 3
5. #define Thurs 4
6. #define Fri 5
7. #define Sat 6
8. #define Sun 7
9. int main(){
10.    int day;
11.    scanf("%d", &day);
12.    switch(day){
13.        case Mon: puts("Monday"); break;
14.        case Tues: puts("Tuesday"); break;
15.        case Wed: puts("Wednesday"); break;
16.        case Thurs: puts("Thursday"); break;
17.        case Fri: puts("Friday"); break;
18.        case Sat: puts("Saturday"); break;
```

```
19.          case Sun: puts("Sunday"); break;
20.          default: puts("Error!");
21.      }
22.      return 0;
23. }
```

运行结果：

```
1. 5
2. Friday
```

#define 命令虽然能解决问题，但也带来了不小的副作用，导致宏名过多，代码松散，看起来总有点不舒服。C 语言提供了一种枚举（Enum）类型，能够列出所有可能的取值，并给它们取一个名字。

枚举类型的定义形式为：

```
1. enum typeName{ valueName1, valueName2, valueName3,……};
```

enum 是一个新的关键字，专门用来定义枚举类型，这也是它在 C 语言中的唯一用途；typeName 是枚举类型的名字；valueName1，valueName2，valueName3，…是每个值对应的名字的列表。注意，最后的;不能少。

例如，列出一个星期有几天：

```
1. enum week{ Mon, Tues, Wed, Thurs, Fri, Sat, Sun };
```

可以看到，我们仅仅给出了名字，却没有给出名字对应的值，这是因为枚举值默认从 0 开始，往后逐个加 1（递增）；也就是说，week 中的 Mon，Tues，…，Sun 对应的值分别为 0，1，…，6。

也可以给每个名字都指定一个值：

```
1. enum week{ Mon = 1, Tues = 2, Wed = 3, Thurs = 4, Fri = 5, Sat = 6, Sun = 7 };
```

更为简单的方法是只给第一个名字指定值：

```
1. enum week{ Mon = 1, Tues, Wed, Thurs, Fri, Sat, Sun };
```

这样枚举值就从 1 开始递增，跟上面的写法是等效的。

枚举是一种类型，通过它可以定义枚举变量：

```
1. enum week a, b, c;
```

也可以在定义枚举类型的同时定义变量：

```
1. enum week{ Mon = 1, Tues, Wed, Thurs, Fri, Sat, Sun } a, b, c;
```

有了枚举变量，就可以把列表中的值赋给它：

```
1. enum week{ Mon = 1, Tues, Wed, Thurs, Fri, Sat, Sun };
2. enum week a = Mon, b = Wed, c = Sat;
```

或者

```
1. enum week{ Mon = 1, Tues, Wed, Thurs, Fri, Sat, Sun } a = Mon, b = Wed, c = Sat;
```

例题 9.6:

严老师:写一段代码,判断用户输入的是星期几。

小习:老师,我的代码是:

```
1. #include <stdio.h>
2. int main(){
3.     enum week{ Mon = 1, Tues, Wed, Thurs, Fri, Sat, Sun } day;
4.     scanf("%d", &day);
5.     switch(day){
6.         case Mon: puts("Monday"); break;
7.         case Tues: puts("Tuesday"); break;
8.         case Wed: puts("Wednesday"); break;
9.         case Thurs: puts("Thursday"); break;
10.        case Fri: puts("Friday"); break;
11.        case Sat: puts("Saturday"); break;
12.        case Sun: puts("Sunday"); break;
13.        default: puts("Error!");
14.    }
15.    return 0;
16. }
```

运行结果:

```
1. 4
2. Thursday
```

焦工:这里需要注意两点:

(1)枚举列表中,Mon,Tues,Wed 这些标识符的作用范围是全局的(严格来说,是 main( )函数内部),不能再定义与它们名字相同的变量。

(2)Mon,Tues,Wed 等都是常量,不能对它们赋值,只能将它们的值赋给其他的变量。

枚举和宏其实非常类似,宏在预处理阶段将名字替换成对应的值,枚举在编译阶段将名字替换成对应的值。可以将枚举理解为编译阶段的宏。

对于上面的代码,在编译的某个时刻会变成类似下面的样子:

```
1. #include <stdio.h>
2. int main(){
3.     enum week{ Mon = 1, Tues, Wed, Thurs, Fri, Sat, Sun } day;
4.     scanf("%d", &day);
5.     switch(day){
6.         case 1: puts("Monday"); break;
```

```
7.          case 2: puts("Tuesday"); break;
8.          case 3: puts("Wednesday"); break;
9.          case 4: puts("Thursday"); break;
10.          case 5: puts("Friday"); break;
11.          case 6: puts("Saturday"); break;
12.          case 7: puts("Sunday"); break;
13.          default: puts("Error!");
14.      }
15.     return 0;
16. }
```

Mon,Tues,Wed 这些名字都被替换成了对应的数字。这意味着,Mon,Tues,Wed 等都不是变量,它们不占用数据区(常量区、全局数据区、栈区和堆区)的内存,而是直接被编译到命令里面,放到代码区,所以不能用 & 取得它们的地址。这就是枚举的本质。

之前讲过,case 关键字后面必须是一个整数,或者是结果为整数的表达式,但不能包含任何变量,正是由于 Mon,Tues,Wed 这些名字最终会被替换成一个整数,所以它们才能放在 case 后面。

枚举类型变量需要存放的是一个整数,它的长度和 int 应该相同,下面来验证一下:

```
1. #include <stdio.h>
2. int main(){
3.     enum week{ Mon = 1, Tues, Wed, Thurs, Fri, Sat, Sun } day = Mon;
4.     printf("%d, %d, %d, %d, %d \n", sizeof(enum week), sizeof(day), sizeof(Mon), sizeof(Wed), sizeof(int) );
5.     return 0;
6. }
```

运行结果:

```
1. 4, 4, 4, 4, 4
```

9.5 共用体

9.5.1 共用体的定义

通过前面的讲解可知,结构体是一种构造类型或复杂类型,它可以包含多个类型不同的成员。在 C 语言中,还有另外一种和结构体非常类似的语法,叫作共用体(Union),它的定义格式为:

```
1. union 共用体名{
2.     成员列表
3. };
```

共用体有时也被称为联合或者联合体,这也是 Union 这个单词的本意。

结构体和共用体的区别在于:结构体的各个成员会占用不同的内存,互相之间没有影响;而共用体的所有成员占用同一段内存,修改一个成员会影响其余所有成员。

结构体占用的内存大于等于所有成员占用的内存的总和(成员之间可能会存在缝隙),共用体占用的内存等于最长的成员占用的内存。共用体使用了内存覆盖技术,同一时刻只能保存一个成员的值,如果对新的成员赋值,就会把原来成员的值覆盖掉。

共用体也是一种自定义类型,可以通过它来创建变量,例如:

```
1. union data{
2.      int n;
3.      char ch;
4.      double f;
5. };
6. union data a, b, c;
```

上面是先定义共用体,再创建变量,也可以在定义共用体的同时创建变量:

```
1. union data{
2.      int n;
3.      char ch;
4.      double f;
5. } a, b, c;
```

如果不再定义新的变量,也可以将共用体的名字省略:

```
1. union{
2.      int n;
3.      char ch;
4.      double f;
5. } a, b, c;
```

共用体 data 中,成员 f 占用的内存最多,为 8 字节,所以 data 类型的变量(也就是 a,b,c)也占用 8 字节的内存,请看下面的演示:

```
1. #include <stdio.h>
2. union data{
3.      int n;
4.      char ch;
5.      short m;
6. };
7. int main(){
8.      union data a;
9.      printf("%d, %d\n", sizeof(a), sizeof(union data) );
10.     a.n = 0x40;
11.     printf("%X, %c, %hX\n", a.n, a.ch, a.m);
12.     a.ch = '9';
```

```
13.        printf("%X, %c, %hX\n", a.n, a.ch, a.m);
14.        a.m = 0x2059;
15.        printf("%X, %c, %hX\n", a.n, a.ch, a.m);
16.        a.n = 0x3E25AD54;
17.        printf("%X, %c, %hX\n", a.n, a.ch, a.m);
18.
19.        return 0;
20.    }
```

运行结果:

```
1. 4,4
2. 40, @ ,40
3. 39,9,39
4. 2059, Y, 2059
5. 3E25AD54, T, AD54
```

这段代码不但验证了共用体的长度,还说明共用体成员之间会相互影响,修改一个成员的值会影响其他成员。

要想理解上面的输出结果,弄清成员之间究竟是如何相互影响的,就得了解各个成员在内存中的分布。以上面的 data 为例,各个成员在内存中的分布如图9.3 所示。

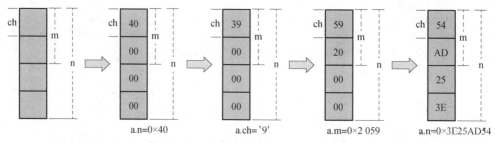

图9.3 各个成员在内存中的分布

成员 n,ch,m 在内存中"对齐"到一头,对 ch 赋值修改的是前一个字节,对 m 赋值修改的是前两个字节,对 n 赋值修改的是全部字节。也就是说,ch,m 会影响到 n 的一部分数据,而 n 会影响到 ch,m 的全部数据。

图9.3 是在绝大多数 PC 机上的内存分布情况,但是如果是 51 单片机,情况就会有所不同,如图 9.4 所示。

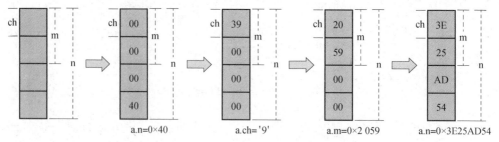

图9.4 51单片机中的分布情况

9.5.2 共用体的应用

共用体在一般的编程中应用较少,在单片机中应用较多。对于 PC 机,经常使用到的一个实例是:现有一张关于学生信息和教师信息的表格,见表 9.1。学生信息包括姓名、编号、性别、职业、分数,教师信息包括姓名、编号、性别、职业、教学科目。

表 9.1 学生信息和教师信息

Name	Num	Sex	Profession	Score/Course
HanXiaoXiao	501	f	s	89.5
YanWeiMin	1011	m	t	math
LiuZhenTao	109	f	t	English
ZhaoFeiYan	982	m	s	95.0

f 和 m 分别表示女性和男性,s 表示学生,t 表示教师。可以看出,学生和教师所包含的数据是不同的。现在要求把这些信息放在同一个表格中,并设计程序输入人员信息,然后输出。

如果把每个人的信息都看作一个结构体变量的话,那么教师和学生的前 4 个成员变量是一样的,第 5 个成员变量可能是 score 或者 course。当第 4 个成员变量的值是 s 的时候,第 5 个成员变量就是 score;当第 4 个成员变量的值是 t 的时候,第 5 个成员变量就是 course。

经过上面的分析,可以设计一个包含共用体的结构体,请看下面的代码:

```
1.  #include <stdio.h>
2.  #include <stdlib.h>
3.  #define TOTAL 4   //人员总数
4.  struct{
5.      char name[20];
6.      int num;
7.      char sex;
8.      char profession;
9.      union{
10.         float score;
11.         char course[20];
12.     } sc;
13. } bodys[TOTAL];
14. int main(){
15.     int i;
16.     //输入人员信息
17.     for(i=0; i<TOTAL; i++){
18.         printf("Input info: ");
19.         scanf("%s %d %c %c", bodys[i].name, &(bodys[i].num), &(bodys[i].sex), &(bodys[i].profession));
20.         if(bodys[i].profession == 's'){   //如果是学生
21.             scanf("%f", &bodys[i].sc.score);
22.         }else{   //如果是老师
```

```
23.            scanf("%s", bodys[i].sc.course);
24.        }
25.        fflush(stdin);
26.    }
27.    //输出人员信息
28.    printf("\nName\t\tNum\tSex\tProfession\tScore /Course\n");
29.    for(i = 0; i < TOTAL; i ++){
30.        if(bodys[i].profession == 's'){    //如果是学生
31.            printf("%s\t%d\t%c\t%c\t\t%f\n", bodys[i].name, bodys[i].
num, bodys[i].sex, bodys[i].profession, bodys[i].sc.score);
32.        }else{    //如果是老师
33.            printf("%s\t%d\t%c\t%c\t\t%s\n", bodys[i].name, bodys[i].
num, bodys[i].sex, bodys[i].profession, bodys[i].sc.course);
34.        }
35.    }
36.    return 0;
37. }
```

运行结果：

```
1. Input info: HanXiaoXiao 501 f s 89.5
2. Input info: YanWeiMin 1011 m t math
3. Input info: LiuZhenTao 109 f t English
4. Input info: ZhaoFeiYan 982 m s 95.0
5.
6. Name          Num     Sex    Profession      Score /Course
7. HanXiaoXiao    501      f       s              89.500000
8. YanWeiMin     1011      m       t              math
9. LiuZhenTao     109      f       t              English
10. ZhaoFeiYan    982      m       s               95.000000
```

9.6 总结

　　本章讲解了结构体相关的内容,包括结构体的基本概念、结构体变量及其访问、结构体数组的初始化和使用、通过指针访问结构体、枚举类型和共用体等。通过构造结构体或共用体,可以将任意物体的重要属性聚合在一起来描述更复杂的元素。结构体和共用体可以认为是面向对象编程中的"类"的早期实现,所以熟练使用结构体和共用体,可以在面向过程编程任务中编写质量更好的代码。

习题

一、填空题

1. 定义结构体类型的关键字是_____。

2. 引用结构体变量 stu 中 num 成员的方式是_____。

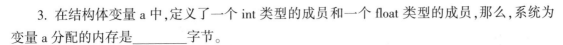

3. 在结构体变量 a 中,定义了一个 int 类型的成员和一个 float 类型的成员,那么,系统为变量 a 分配的内存是＿＿＿＿＿字节。

二、判断题

1. 结构体类型是由不同类型的数据组成的。

2. 若已知指向结构体变量 stu 的指针 p,在引用结构体成员时,有三种等价的形式,即 stu.成员名、*p.成员名、p->成员名。

3. 使几个不同类型的变量共占同一段内存的结构称为共用体。

4. 在定义一个共用体变量时, 系统分配给它的存储空间是该共用体中占有最大存储空间的成员所需的存储空间。

5. 已知共用体

```
union u
{
int a;
    char c;
    float f;
}
```

其各个成员地址 &u.a、&u.c、&u.f 是不同的。

三、选择题

1. 在 C 语言中,系统为一个结构体变量分配的内存是(　　　)。

A. 各成员所需内存量的总和

B. 结构体第一个成员所需的内存量

C. 成员中占内存量最大者所需的容量

D. 结构体中最后一个成员所需的内存量

2. 下列关于共用体类型变量的描述中,正确的是(　　　)。

A. 可以对共用体变量直接赋值

B. 一个共用体变量可以同时存放其所有的成员

C. 一个共用体变量中不可以同时存放其所有的成员

D. 共用体类型定义中,不能出现结构体类型的成员

3. 设有如下定义:

```
struct sk{int a; float b;}data,*p;
```

若有 p = &a;,则对 data 中成员 a 的引用正确的是(　　　)。

A. (*p).data.a 　　　B. (*p).a 　　　C. p->data.a 　　　D. p.data.a

4. C 语言中, 共用体类型变量在程序执行期间 (　　　)。

A. 所有成员都驻留在内存中

B. 只有一个成员驻留在内存中

C. 部分成员驻留在内存中

D. 没有成员驻留在内存中

5. 阅读下列程序:

```
main(){
     struct cmplx
{
int x;
int y;
}com[2]={1,3,2,7};
     printf("%d\n",com[0].y/com[0].x*com[1].x);
}
```

程序的输出结果为(　　)。

A. 0　　　　　　　　　B. 1　　　　　　　　　C. 3　　　　　　　　　D. 6

四、编程题

1. 编写一个程序,为幼儿园里的宝宝建立档案,每个宝宝的信息包括姓名、身高和体重。录入宝宝的信息,比较出身高最高的宝宝,并输出该宝宝的信息。

注意事项:

(1)宝宝姓名不超过 20 个字符长度。

(2)身高单位为 m,可以为浮点数。

(3)体重单位为 kg,可以为浮点数。

(4)方便起见,该程序假设幼儿园学生数为 15。

2. 编程统计 5 名同学的成绩,包括学号、姓名、数学成绩、计算机成绩,求出每位同学的平均分与总分,然后按照总分从高到低顺序排列。

3. 某班有 5 个学生,每名学生的数据包括学号、姓名、3 门课程成绩,从键盘输入 20 名学生数据,要求打印出 3 门课的总平均成绩,以及最高分的学生数据(包括学号、姓名、3 门课成绩、平均成绩)。

第十章

文件操作

小习：我发现数据的输入和输出是计算机程序中不可或缺的步骤。

小羽：没错，在前面课程的学习中，我们通过键盘输入数据，通过显示器输出结果。

小习：是的，我们编写的程序通过函数 scanf 从键盘中获取数据，并调用函数 printf 将运行的结果展示在显示屏幕上。

小羽：但是，靠人手工敲键盘，输入的数据是有限的，同时屏幕也就那么大，输出的内容也不能太多。如果我们的程序要处理大量的数据，这个问题要如何解决？

小习：在计算机的世界里，大量的数据是通过文件来处理和保存的，今天我们就要学习如何用 C 语言程序来操作文件。

文件以计算机磁盘为载体，可以长期存储大量数据，被广泛使用。文件可以是文档、图片、音频、视频甚至程序自身。如何编写代码来读写文件对于程序开发人员而言是一项重要的技能。

10.1 文件基本知识

10.1.1 什么是文件

在 C 语言程序设计中，数据的输入和输出是必不可少的环节。在前面的章节中，输入设备是键盘，程序通过与键盘交互的方式输入原始数据；输出设备则是显示器，程序的运行结果呈现在显示屏中。使用键盘输入、显示器输出的数据量是有限的，但在现实中往往需要处理大量的数据，而且需要长时间保存数据。在计算机中，通常使用文件来存储和处理数据，文件被保存在计算机的外部存储器（例如硬盘）中。

什么是文件？文件是一组相关数据的有序集合。文件是外存中保存信息的最小单位。数据以文件的形式存放在外部存储器中，能够长久保存，还可以被其他程序使用，实现数据的共享，而且不受计算机内存空间的限制，其容量可以很大。

10.1.2 文件名

每一个文件都有一个文件名。文件名是引用文件的唯一标识符。文件名包括三个要素：

（1）文件路径：是指文件在外部存储器中的位置，路径一般以分隔符"\"来体现存储位置的层次关系。

（2）文件名主干：命名规则遵循标识符的命名规则。

（3）文件扩展名（文件后缀）：在文件名主干之后，以"."符号分隔，用来反映文件的类型或性质。

例如，对于文件"D:\multimedia\video\school.avi"，文件路径为"D:\multimedia\video"，文件名主干为"school"，文件扩展名为".avi"。

10.1.3 文件分类

C 语言将文件看作是由字节排列组成的一个序列，输入/输出时，也按字节出现的顺序依次进行。C 语言中的文件类型主要有文本文件（ASCII 文件）和二进制文件两种。C 语言在处理这两种文件时，都将其看作是字节流，按字节顺序进行处理。

（1）文本文件（Text File）：也称 ASCII 文件，每一个字节存储一个用 ASCII 码表示的字符。文本文件是可以直接阅读的，使用操作系统自带的记事本程序打开即可查看文件中的内容，其扩展名通常为".txt"。

（2）二进制文件（Binary File）：这类文件使用二进制编码的形式存储数据。由于这类文件内容是二进制编码，故无法直接使用记事本程序打开阅读，一般的可执行程序都为二进制文件。

10.2 打开与关闭文件

10.2.1 打开文件

在 C 语言程序中，操作文件之前必须先打开文件。所谓打开文件，就是让程序和文件之间建立连接。打开文件之后，程序可以得到文件的相关信息并进行读写操作。通常使用头文件"stdio.h"中的 fopen 函数来打开文件，它的定义为：

```
FILE * fopen(char * filename, char * mode);
```

其中，参数 filename 为文件名（包括文件路径），mode 为打开方式，都是字符串类型。函数调用成功，则返回指向 FILE 的指针，否则返回 0。FILE 是头文件"stdio.h"中预定义的结构体，专门用来保存文件缓冲区、文件状态及当前读写位置等信息。参数 mode 指明用何种方式（例如读、写、追加）打开何种文件（包括文本文件、二进制文件），其具体取值范围及含义见表 10.1。

表 10.1 打开文件方式

打开方式	说明
r	打开一个已有的文本文件，允许读取文件
w	打开一个文本文件，允许写入文件。如果文件不存在，则会创建一个新文件。在这里，程序会从文件的开头写入内容。如果文件存在，则会清空内容，重新写入

续表

打开方式	说明
a	打开一个文本文件,以追加模式写入文件。如果文件不存在,则会创建一个新文件。在这里,程序会在已有的文件内容后追加新的内容
r +	打开一个已有的文本文件,允许读写文件
w +	打开一个文本文件,允许读写文件。如果文件已存在,则会重写文件;如果文件不存在,则会创建一个新文件
a +	打开一个文本文件,允许读写文件。如果文件不存在,则会创建一个新文件;如果文件存在,读取会从文件的开头开始,写入则只能是追加模式

小羽:默认是以文本文件形式打开文件,如果打开的是二进制文件,要怎么做?

严老师:如果处理的是二进制文件,则需使用下面的访问模式来取代表格中的访问模式:"rb""wb""ab""rb +""wb +""ab +"。

小习:"r +""w +""a +"都可以写文件,它们的区别是什么?

焦工:对于"r +",待处理的文件必须存在,否则会出错,并且是从头覆盖写入数据,会保留未覆盖的内容;对于"w +",若文件不存在,将新建文件,写入文件前会清空原有内容;对于"a +",若文件不存在,也会新建文件,与"w +"不同的是,"a +"在文件尾部追加新数据。

打开文件代码示例:

```
FILE * fp = fopen("demo.txt", "r");
```

以上代码表示以"只读"方式打开当前目录下的文件 demo. txt,并使指针 fp 指向该文件,后续就可以通过 fp 来操作文件 demo. txt 了。fp 通常被称作文件指针。

再来看一个例子:

```
FILE * fp = fopen("D:\\demo.data", "rb + ");
```

以上代码表示以二进制方式打开 D 盘下的文件 demo. data,允许读和写。

当打开文件出错时,函数 fopen 将返回一个空指针,也就是 NULL(在头文件"stdio. h"中已被定义为 0),可以利用这一点来判断文件是否打开成功。

例题 10. 1:尝试以只读方式打开文本文件 D:\story\1. txt。

```
#include <stdio.h>
#include <stdlib.h>
int main()
{
    FILE * fp;
    if((fp = fopen("D:\\story\\1.txt","r")) == NULL )
    {
```

```
        printf("无法打开文件！\n");
        exit( -1);
    }
}
```

严老师：同学们请思考一下，为什么在打开文件时要进行空指针判断。

小习：因为打开文件有可能会失败。

小羽：没错，如果文件 D:\story\1. txt 被删除了，不存在了，自然就无法用只读模式打开它。

严老师：大家回答得很对，以上代码是文件操作的常见写法，在打开文件时，一定要判断文件是否打开成功，因为一旦打开失败，后续文件的读写操作就无法进行了。

焦工：另外，同学们也要注意，不同的操作需要不同的文件权限。例如，单纯读取文件中的数据的话，"只读"（"r"）权限就够了；若既要读取，又要写入数据，"读写"（"r +"）权限则是必需的。

程工：文本文件和二进制文件的读写操作方法也是不同的，后面我们将会进行详细讲解。

10.2.2 关闭文件

文件一旦使用完毕，应该调用函数 fclose 将文件关闭，以释放相关资源，避免造成内存泄露。函数 fclose 的定义为：

```
int fclose(FILE * fp);
```

其中，fp 为文件指针，文件正常关闭时，函数 fclose 的返回值为 0，如果返回非零值，则表示有错误发生。

例题 10. 2：

```
#include < stdio.h >
#include < stdlib.h >
int main()
{
    FILE * fp;
    //操作前打开文件
    if ((fp = fopen("d:\\demo.txt", "r")) == NULL )
    {
        printf("无法打开文件！\n");
        exit( -1);
    }

    //进行相关文件操作

    //操作后关闭文件
    fclose(fp);
    return 0;
}
```

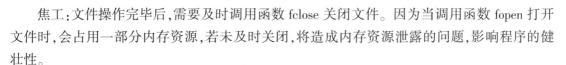

焦工:文件操作完毕后,需要及时调用函数 fclose 关闭文件。因为当调用函数 fopen 打开文件时,会占用一部分内存资源,若未及时关闭,将造成内存资源泄露的问题,影响程序的健壮性。

程工:在实际项目中,函数 fopen 应与函数 fclose 成对出现,新手程序员经常会遗忘。同学们需要留意,养成良好的编程习惯。

10.3　读写文本文件

10.3.1 以字符形式读写文本文件

在 C 语言中以字符形式读写文件时,每次可从文件中读取一个字符,或者向文件中写入一个字符。主要使用两个函数,分别是 fgetc 和 fputc。

1. 函数 fgetc

fgetc 是"file get character"的缩写,可从指定的文件中读取一个字符。函数 fgetc 的定义为:

```
int fgetc (FILE * fp);
```

其中,fp 为文件指针,函数 fgetc 执行成功后,将返回读取到的字符,当读取到文件末尾或读取失败时,则返回 EOF。EOF 是"end of file"的缩写,表示文件末尾,是在头文件"stdio. h"中定义的宏,其值为 −1。

fgetc 的用法举例:

```
char ch;
FILE * fp = fopen("D:\\demo.txt", "r");
ch = fgetc(fp);
printf("%c",ch);
fclose(fp);
```

上述代码将从文件 D:\demo. txt 中读取一个字符,并保存到字符变量 ch 中。

小羽:为什么多次调用 fgetc 可以从文件中按顺序读取不同的字符?

严老师:在文件信息区,FILE 结构体中有一个位置标记指针,用来指向当前文件读写位置。在文件打开时,该指针总是指向文件的第一个字节。当使用 fgetc 函数后,该指针会自动向后移动一个字节,所以可以连续多次使用 fgetc 读取多个字符。

2. 函数 fputc

fputc 是"file output character"的缩写,可向指定的文件中写入一个字符。函数 fputc 的定义为:

```
int fputc (int ch, FILE * fp);
```

其中,ch 为要写入的字符,fp 为文件指针。fputc 调用成功后,将返回写入的字符,失败则

返回 -1。

fputc 的用法举例：

```
FILE * fp = fopen("D:\\demo.txt", "w");
char ch = 'a';
fputc(ch, fp);
fclose(fp);
```

上述代码将字符"a"写入 fp 所指向的文件中。

严老师：需要注意的是，被写入的文件可以用写(w)、读写(r+)、追加(a)等方式打开，用写(w)或读写(r+)方式打开一个已存在的文件时，写(w)方式先清空文件旧有内容，再重头写入新内容；读写(r+)方式则将文件指针指向第一个字节，覆盖写入数据(保留未覆盖内容)。两种方式均会破坏文件旧有内容。

焦工：没错，如需保留原有文件内容，并把写入的字符放在文件末尾，就必须以追加(a)方式打开文件。同时，每写入一个字符，文件位置指针将自动向后移动一个字节。

例题 **10.3**：

```
#include < stdio.h >
#include < stdlib.h >
int main()
{
    FILE * fp;
    char ch;
    if((fp = fopen("D:\\demo.txt","w")) == NULL)
    {
        printf("打开文件失败!");
        exit(-1);
    }
    printf("请输入一行字符串:\n");
    while ((ch = getchar()) != '\n')
    {
        fputc(ch,fp);
    }
    fclose(fp);
    return 0;
}
```

运行上述程序，输入一行字符串并按回车键结束，打开 D 盘下的 demo.txt 文件，就可以看到所输入的内容。

10.3.2 以字符串形式读写文本文件

函数 fgetc 和 fputc 每次只能读写一个字符，操作较烦琐，实际开发中往往需要每次读写一个字符串或者一个数据块，以提高效率。

1. 函数 fgets

函数 fgets 可从指定的文件中读取一个字符串，并保存到字符数组中，它的定义为：

```
char * fgets (char * str, int n, FILE * fp );
```

其中,str 为字符数组,n 为要读取的字符数目,fp 为文件指针。若读取成功,函数返回字符数组首地址,即 str;若读取失败,则返回 NULL。

需要注意的是,读取到的字符串会在末尾自动添加空字符'\0',n 个字符中也包括'\0'。也就是说,实际只读取到了文件 n − 1 个字符。例如,若希望读取文件中 50 个字符,n 的值应该为 51,代码如下:

```
char str[51];
FILE * fp = fopen("D:\\demo.txt", "r");
fgets(str, 51, fp);
printf(str);
fclose(fp);
```

上述代码从文件 D:\demo. txt 中读取 50 个字符,并保存到字符数组 str 中。

小羽:上述示例代码中,如果文件中字符个数少于 50,程序能顺利运行吗?

严老师:函数 fgets 有个特性,即在读取到 n − 1 个字符之前如果出现了换行,或者读到了文件末尾,则读取结束。

焦工:换句话说,不管 n 的值多大,函数 fgets 最多只能从文件中读取一行数据,不能跨行。若将 n 的值设置得足够大,每次就可以读取到完整一行的数据。

2. 函数 fputs

函数 fputs 可向指定的文件中写入一个字符串,它的定义为:

```
int fputs(char * str, FILE * fp );
```

其中,str 为要写入的字符串,fp 为文件指针。调用成功时,该函数返回 0;否则,返回 − 1。例如:

```
char * str = "123,test";
FILE * fp = fopen("D:\\demo.txt", "w");
fputs(str, fp);
fclose(fp);
```

上述代码将字符串 str 写入文件 D:\demo. txt 中。

10.3.3 格式化读写文本文件

函数 fscanf 和 fprintf 与前面章节出现的 scanf 和 printf 功能相似,都是格式化读写函数,两者的区别在于函数 fscanf 和 fprintf 的读写对象不是键盘和显示器,而是文件。这两个函数的原型分别为:

```
int fscanf (FILE * fp, char * format,…);
int fprintf (FILE * fp, char * format,…);
```

其中,fp 为文件指针,format 为格式控制字符串,"…"则表示参数列表。与函数 scanf 和 printf 相比,仅仅多出了一个参数 fp。函数 fscanf 调用后,将返回参数列表中被成功赋值的个数,而函数 fprintf 则返回成功写入字符的个数。例如:

```
#include <stdio.h>
int main()
{
    FILE *fp;
    int a;
    char str[128];
    fp = fopen("D:\\demo.txt", "r+");
    fscanf(fp,"%d,%s", &a, str);
    fprintf(fp,"%d#%s", a, str);
    fclose(fp);
    return 0;
}
```

运行上述代码,假设最初文件 D:\demo.txt 中存储的内容为"123,abc",程序首先通过函数 fscanf 读取并解析文件内容,变量 a 被赋值整数 123,str 被赋值字符串"abc",然后程序通过函数 fprintf 将字符串"123#abc"输出到文件末尾中。

10.4 读写二进制文件

fread 函数用来从指定文件中读取块数据。所谓块数据,是由若干个字节构成的数据,可以是一个字符、字符串或结构体,通用性较强。fread 函数的原型为:

```
size_t fread(void *ptr, size_t size, size_t count, FILE *fp);
```

与之相对应,fwrite 函数则是用来向文件中写入块数据,它的原型为:

```
size_t fwrite(void *ptr, size_t size, size_t count, FILE *fp);
```

其中,ptr 为内存区块的指针,它可以指向变量、数组或结构体,函数 fread 中的 ptr 用来存放读取到的数据,函数 fwrite 中的 ptr 则用来存放将要写入的数据;size 表示每个数据块的字节数;count 表示要读写的数据块的块数;fp 则表示文件指针。理论上,每次调用将读写 size * count 个字节的数据。

小习:老师,函数 fread 和 fwrite 中出现的 size_t 是什么?

严老师:size_t 是在头文件"stdio.h"中使用 typedef 定义的数据类型,表示无符号整数(即非负数),常用来表示数量。

焦工:需要注意的是,调用函数 fread 和 fwrite 后,将返回成功读写的块数。如果返回值小于 count,对于函数 fread 来说,可能是读到了文件末尾或发生了错误,可以用函数 feof 和 ferror 检测;对于函数 fwrite 来说,表示发生了写入错误,可以用函数 ferror 检测。

使用函数 fread 和 fwrite 读写二进制文件的示例代码如下:

```
#include <stdio.h>
#include <stdlib.h>
#define N 5
int main()
{
    //从键盘输入的数据放入数组 a,从文件读取的数据放入数组 b
    int a[N], b[N];
    int i, size = sizeof(int);
    FILE * fp;

    if((fp = fopen("D:\\demo.txt", "rb+")) == NULL )    //以二进制方式打开
    {
        puts("Fail to open file!");
        exit( -1);
    }

    //从键盘输入数据 并保存到数组 a
    for(i = 0; i < N; i ++)
    {
        scanf("%d", &a[i]);
    }

    //将数组 a 的内容写入文件
    fwrite(a, size, N, fp);
    //将文件中的位置指针重新定位到文件开头
    rewind(fp);
    //从文件读取内容并保存到数组 b
    fread(b, size, N, fp);
    //在屏幕上显示数组 b 的内容
    for(i = 0; i < N; i ++)
    {
        printf("%d ", b[i]);
    }
    printf("\n");

    fclose(fp);
    return 0;
}
```

代码运行示例:

10 20 30 40 50↙
10 20 30 40 50

严老师:上述程序运行完毕后,若用记事本程序打开文件 D:\demo.txt,将发现文件内容无法阅读。

程工:这是因为使用"rb+"方式打开文件,数组会以二进制形式写入文件,因而无法阅读。

10.5 案例

小习:C 语言程序中文件操作涉及的函数真多呀。

小羽:我也有同感,打开、关闭文件需要调用函数,读写文件也需要调用函数,程序员要记住的东西真不少。

严老师:现在我们试着用一个综合的案例,演示如何使用 fopen,fgets,fputs、fclose 等函数实现文本文件的互相复制。

示例代码:

```c
#include <stdio.h>
#include <stdlib.h>
int main()
{
    FILE * in, * out;
    char inFile[256],outFile[256],str[1024];

    printf("请输入待复制文本文件路径:");
    scanf("%s",inFile);
    printf("请输入目标文本文件路径:");
    scanf("%s",outFile);

    if((in = fopen(inFile,"r")) == NULL)
    {
        printf("无法打开待复制文件!");
        exit(-1);
    }
    if((out = fopen(outFile,"w")) == NULL)
    {
        printf("无法打开目标文件!");
        exit(-1);
    }

    while(fgets(str,1024,in))
    {
        fputs(str,out);
    }

    printf("文本文件复制完毕!\n");
    fclose(in);
    fclose(out);
    return 0;
}
```

小习:上面的代码是如何运行的呢?

严老师:我们可以先在 D 盘新建一个文本文件 1. txt,然后用记事本打开,录入并保存一些文本内容。运行上述代码,输入待复制文本文件路径为"d:\1. txt",目标文本文件路径为"d:\2. txt",程序运行完毕后,用记事本打开 2. txt,我们将发现 2. txt 与 1. txt 文件内容一致,也就是说,实现了文件的复制。

焦工:文件指针 in 和 out 分别指向待复制文本文件和目标文本文件,一个用于读,一个用于写,所以,在两个 fopen 函数中,mode 参数分别是"r"和"w"。同时,我们使用字符数组 inFile 和 outFile 存储两个文件的文件名。

程工:字符数组 str 则用于存放文件读写数据。代码通过函数 fgets 从源文件中一行行读取字符串,并存入字符数组 str 中,同时,调用函数 fputs 将字符数组 str 中的数据输出到目标文件中。

严老师:同时大家不要忘记代码的最后要调用函数 fclose 关闭两个文件,保证正确操作文件。

10.6　总结

本章讲解了文件的基本知识,重点介绍了在 C 语言程序中如何打开和关闭文件,使用字符形式、字符串形式、格式化形式读写文本文件的方法和技巧,以及如何正确读写二进制文件,最后通过一个综合案例,演示了 C 语言文件操作函数的应用。

习题

1. C 语言可以处理的文件类型是(　　)。

A. 文本文件和数据文件　　　　　　B. 文本文件和二进制文件

C. 数据文件和二进制文件　　　　　D. 以上答案都不完整

2. 下述关于 C 语言文件操作的结论中,(　　)是正确的。

A. 要对文件进行操作,必须先关闭文件

B. 要对文件进行操作,必须先打开文件

C. 对文件操作顺序无要求

D. 对文件操作前,必须先测试文件是否存在,然后再打开

3. 函数 fgets(s,n,f)的功能是(　　)。

A. 从 f 所指的文件中读取长度为 n 的字符串存入指针 s 所指的内存

B. 从 f 所指的文件中读取长度不超过 n − 1 的字符串存入指针 s 所指的内存

C. 从 f 所指的文件中读取 n 个字符串存入指针 s 所指的内存

D. 从 f 所指的文件中读取长度为 n − 1 的字符串存入指针 s 所指的内存

4. 若要以"a + "方式打开一个已存在的文件,则以下叙述正确的是(　　)。

A. 文件打开时,原有文件内容不被删除,位置指针移到文件末尾,可以进行添加或读操作

B. 文件打开时,原有文件内容不被删除,只能进行读操作

C. 文件打开时,原有文件内容被删除,只能进行写操作

D. 以上三种说法都不正确

5. fscanf( )函数的正确调用形式是(   )。

A. fscanf(文件指针,格式字符串,输出列表);

B. fscanf(格式字符串,输出列表,文件指针);

C. fscanf(格式字符串,文件指针,输出列表);

D. fscanf(文件指针,格式字符串,输入列表);

6. 以下程序中,用户由键盘输入一个文件名,然后输入一个字符串(用"#"结束输入)存放到此文件中形成文本文件,并将字符的个数写到文件尾部,请填空。

```c
#include < stdio.h >
int main()
{
    FILE * fp;
    char ch,fname[128];
    int count = 0;
    printf("Input the filename:");
    scanf("%s",fname);
    if((fp = fopen(_____,"w")) == NULL)
    {
        printf("Can't open file:%s \n",fname);
        exit(-1);
    }
    printf("Enter data:\n");
    getchar();
    while((ch = getchar())! = '#')
    {
        fputc(ch,fp);
        count ++;
    }
    fprintf(_____,"\n%d",count);
    fclose(fp);
    return 0;
}
```

7. 以下程序把从终端读入的 10 个整数以二进制数方式写入当前目录中一个名为 bi.data 的新文件中,请填空。

```c
#include < stdio.h >
int main()
{
```

```
    FILE * fp;
    int i,j;
    if((fp = fopen(_____,"wb")) == NULL)
    {
        exit( -1);
    }
    for(i = 0;i < 10;i ++)
    {
        scanf("%d",&j);
        fwrite(&j,sizeof(int),1,_____);
    }
    fclose(fp);
    return 0;
}
```

第十一章

学生信息管理系统

小习：羽同学，关于 C 语言的基础知识，我们应该已学得差不多了吧?

小羽：我想想，我们学了变量、常量、运算符、分支结构、循环结构、数组、结构体……

小习：还有函数、指针以及文件操作。我在想能不能综合利用之前学习到的知识和技能，制作一个可以用的软件。

小羽：听说今天老师就会带着我们用 C 语言开发一个学生信息管理系统。走，我们去上课吧。

11.1 需求分析

企业级软件项目一般需要经历需求分析、系统设计、编程开发、软件测试、运行维护等必要阶段。需求分析作为整个软件项目生命周期的第一个环节，具有极其重要的作用。错误的需求或不明确的需求，将导致软件项目后续环节出现频繁返工或无法开展等问题，严重影响项目进度。

严老师：需求分析就是要明确我们开发的软件给谁用，提供哪些功能，解决什么问题。同学们结合日常经验，思考一下今天我们要制作的"学生信息管理系统"的需求有哪些。

小习：系统的使用者应该是学校学生信息管理人员，比如学校教务处相关工作人员。

小羽：系统需要提供的功能包括学生信息的新增、修改、删除、查询等，同时，学生的信息要能长期保存。

小习：此外，系统可以解决传统学生信息手工管理效率低下的问题，实现利用计算机程序提升数据处理和存储的便捷性。

严老师：同学们回答得很好，已基本达成了需求分析的目标。本次课我们将使用 C 语言开发学生信息管理系统，需要综合运用数组、结构体、函数、循环结构、文件操作等知识和技能。同时，为了方便演示，此次项目实践我们只需实现系统最基本的功能即可。

11.2 系统设计

严老师:在明确系统需求后,我们就可以着手进行系统设计了。本次学生信息管理系统的设计,一是需要进行数据模型的设计,二是需要进行功能模块的设计。

数据模型的设计,也就是数据结构的设计,在本例中,为简化开发,所设计的学生信息模型由学号、姓名、年龄、性别、成绩等 5 个字段构成,通过定义 C 语言结构体的方式实现。代码如下所示,其中,MAX_NUM 为宏(其值预设为 100),通过使用结构体数组存储所有学生的基本信息。

```
struct StudentInfo
{
//学号
char id[32];
//姓名
char name[32];
//年龄
int age;
//性别
char sex[8];
//成绩数组(分别存储语文、数学、英语等科目成绩)
float scores[3];
} students[MAX_NUM];
```

严老师:针对商业软件开发,功能模块的设计也是非常重要的任务。基于需求分析,将一个大系统按功能划分为模块,可以"化繁为简,分而治之",将复杂的系统拆分为多个较简单的模块,降低开发的难度。

程工:拆分模块后,程序员可以并行进行模块开发,提升效率。同时,在日常系统升级和维护的过程中,只需针对所涉及的零星模块进行代码修改,降低了运维成本。

焦工:另外,需要强调的是,模块的设计要做到"高内聚、低耦合",每个模块具有清晰、明确的职责,模块与模块间"强关联性"较少,模块间只存在简单的"调用"或"通信"关系,不会因为一个模块的变更,而需大范围改动其他模块的代码。

在需求分析的基础上,可将学生信息管理系统划分为查询学生信息、新增学生信息、修改学生信息、删除学生信息、保存学生信息等多个模块,如图 11.1 所示。

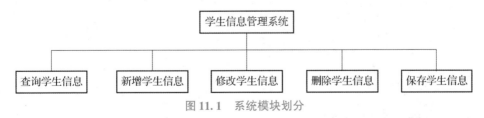

图 11.1 系统模块划分

严老师:我们可通过函数实现各模块,即一个模块用一个函数实现。本次项目主要函数的定义及用途见表 11.1。

表 11.1　函数设计

函数	用途
void select_menu( );	菜单选择
void query_student( );	查询学生信息
void insert_student( );	新增学生信息
void update_student( );	修改学生信息
void delete_student( );	删除学生信息
void display_all_students( );	显示所有学生信息
void save_data_and_quit( );	保存数据并退出系统
int find_student_by_id(char * id);	工具类函数,根据学号 id 返回对应学生数组下标,若学号不存在,则返回 −1
void load_data( );	工具类函数,从本地文件中加载学生数据

11.3　系统实现

11.3.1　菜单选择

严老师:使用者如何与软件系统进行交互是值得我们认真思考和研究的。在 C 语言程序中,我们主要使用函数 printf 和 scanf 进行数据的输出和输入。

焦工:本案例中因涉及的功能模块较多,我们专门开发了一个函数 select_menu,在屏幕中打印菜单信息,引导用户通过敲下 1~6 的数字键进入不同的功能模块。

```c
void select_menu()
{
    int menu_num;
    printf("********************\n");
    printf("*学生信息管理系统  *\n");
    printf("********************\n");
    printf("* 1.查询学生信息 *\n");
    printf("* 2.新增学生信息 *\n");
    printf("* 3.修改学生信息 *\n");
    printf("* 4.删除学生信息 *\n");
    printf("* 5.显示学生列表 *\n");
    printf("* 6.保存退出系统 *\n");
    printf("请选择菜单编号:");
    scanf("%d", &menu_num);
```

```
switch (menu_num)
{
case 1:
    query_student();
    break;
case 2:
    insert_student();
    break;
case 3:
    update_student();
    break;
case 4:
    delete_student();
    break;
case 5:
    display_all_students();
    break;
case 6:
    save_data_and_quit();
    break;
default:
    printf("请在 1-6 之间选择! \n");
}
}
```

11.3.2 查询学生信息

严老师:系统提供按学号查询学生信息的功能。考虑到不少模块都需要使用按学号查找学生数据的代码片段,我们将其封装为一个工具类函数 find_student_by_id,它的参数 id 即为待查找学生的学号。

焦工:函数 find_student_by_id 的返回值有两种情况:如果存在学号为 id 的学生数据,返回对应数组 students 的下标;如果不存在,则返回 -1。其中,函数 find_student_by_id 中出现的 student_num 为全局变量,记录了当前系统中学生数量。

```
int find_student_by_id(char *id)
{
    int i;
    for (i = 0; i < student_num; i ++)
    {
        if (strcmp(students[i].id, id) == 0)
        {
            return i;
        }
    }
    return -1;
}
```

程工:函数 query_student 实现了查询学生信息的功能,借助上述的工具类函数 find_student_by_id,若学号存在,则在屏幕中打印对应学生的信息;若学号不存在,则进行提示:"学号不存在,查询失败!"。

```c
void query_student()
{
    int index;
    char id[32];
    printf("请输入待查询学生的学号:");
    scanf("%s", id);
    index = find_student_by_id(id);
    if (index >= 0)
    {
        printf("姓名:%s\n", students[index].name);
        printf("年龄:%d\n", students[index].age);
        printf("性别:%s\n", students[index].sex);
        printf("语文:%.1f\n", students[index].scores[0]);
        printf("数学:%.1f\n", students[index].scores[1]);
        printf("英语:%.1f\n", students[index].scores[2]);
    }
    else
    {
        printf("学号不存在,查询失败! \n");
    }
    system("pause");
}
```

小习:函数 query_student 代码最后的"system("pause")"起到什么作用?

严老师:当调用"system("pause")"时,会暂停当前程序的运行,并提示用户"请按任意键继续…",避免退出功能后直接跳入下一环节,起到改善用户使用感知的作用。

程工:使用"system("pause")",我们需要引入头文件"stdlib.h"。

11.3.3　新增学生信息

新增学生信息通过函数 insert_student 实现。因为在本次项目中使用固定大小(MAX_NUM)的数组存储学生信息,所以应首先判定当前记录的学生人数是否已达上限。若未达上限,为保证学生学号的唯一性,程序还需判断学号是否已存在,避免重复录入数据。同时,借助全局变量 student_num,定位到新增数据所在数组位置,并通过函数 scanf 录入数据。新增学生信息成功后,还需要维护全局变量 student_num,对其进行"++"操作。

```c
void insert_student()
{
    int index;
    char id[32];
    if (student_num == MAX_NUM)
```

```
    {
        printf("学生人数已满,无法新增! \n");
    }
    else
    {
        printf("请输入新增学生的学号:");
        scanf("%s", id);
        index = find_student_by_id(id);
        if (index == -1)
        {
            strcpy(students[student_num].id, id);
            printf("请输入姓名:");
            scanf("%s", students[student_num].name);
            printf("请输入年龄:");
            scanf("%d", &students[student_num].age);
            printf("请输入性别:");
            scanf("%s", students[student_num].sex);
            printf("请输入语文成绩:");
            scanf("%f", &students[student_num].scores[0]);
            printf("请输入数学成绩:");
            scanf("%f", &students[student_num].scores[1]);
            printf("请输入英语成绩:");
            scanf("%f", &students[student_num].scores[2]);
            student_num ++;
            printf("新增学生信息完毕! \n");
        }
        else
        {
            printf("学号已存在,新增失败!\n");
        }
    }
    system("pause");
}
```

11.3.4 修改学生信息

函数 update_student 用于实现修改学生信息模块的功能。与函数 insert_student 相反,程序首先要通过学号确保待修改的学生数据已存在,接着检索数组 students 对应学生的下标 index,更新各个字段。

```
void update_student()
{
    int index;
    char id[32];
    printf("请输入待修改学生的学号:");
    scanf("%s", id);
    index = find_student_by_id(id);
```

```
    if (index >= 0)
    {
        printf("请输入姓名(%s):", students[index].name);
        scanf("%s", students[index].name);
        printf("请输入年龄(%d):", students[index].age);
        scanf("%d", &students[index].age);
        printf("请输入性别(%s):", students[index].sex);
        scanf("%s", students[index].sex);
        printf("请输入语文成绩(%.1f):", students[index].scores[0]);
        scanf("%f", &students[index].scores[0]);
        printf("请输入数学成绩(%.1f):", students[index].scores[1]);
        scanf("%f", &students[index].scores[1]);
        printf("请输入英语成绩(%.1f):", students[index].scores[2]);
        scanf("%f", &students[index].scores[2]);
        printf("学生信息修改完毕!\n");
    }
    else
    {
        printf("学号不存在,修改失败! \n");
    }
    system("pause");
}
```

严老师:在用户修改数据时,我们会提示学生各个字段的原有数据,避免数据更新操作失误。

11.3.5 删除学生信息

删除学生信息的功能实现较为简单,只需用户输入待删除学生的学号,若数据存在,则处理数组students,从待删除学生对应的数组元素开始,后一个元素均往前移动一位,换言之,就是后一个元素覆盖前一个元素,直到处理完待删除学生及之后的所有学生数据。

```
void delete_student()
{
    int i, index;
    char id[32];
    printf("请输入待删除学生的学号:");
    scanf("%s", id);
    index = find_student_by_id(id);
    if (index >= 0)
    {
        for (i = index; i < (student_num - 1); i ++)
        {
            students[i] = students[i + 1];
        }
        student_num --;
        printf("删除成功! \n");
    }
```

```
    else
    {
        printf("学号不存在,删除失败! \n");
    }
    system("pause");
}
```

严老师:数组元素前移覆盖完毕后,在数组 students 中,待删除学生的数据即被替换。删除成功后,还需维护全局变量 student_num,将其值进行减 1 操作。

11.3.6 显示学生列表

严老师:我们所开发的学生信息管理系统,除了可以查询单个学生信息外,还能将所有学生信息批量显示在屏幕中。

程工:在这里需要注意,字段与字段之间使用制表符("\t")进行分割,数据显示的效果较好。

```
void display_all_students()
{
    int i;
    if (student_num > 0)
    {
        printf("共有%d 位学生的信息:\n", student_num);
        printf("学号 \t 姓名 \t 年龄 \t 性别 \t 语文 \t 数学 \t 英语 \n");
        printf(" ---------------------------------------------------- \n");
        for (i = 0; i < student_num; i ++)
        {
            printf("%s \t%s \t%d \t%s \t%.1f \t%.1f \t%.1f \n",
          students[i].id, students[i].name, students[i].age, students[i].sex,
          students[i].scores[0], students[i].scores[1], students[i].scores[2]);
        }
    }
    else
    {
        printf("当前系统还未记录学生信息! \n");
    }
    system("pause");
}
```

11.3.7 保存退出系统

严老师:为了使得学生数据得到长期保存,在函数 save_data_and_quit 中,我们将数组 students 中的学生数据写入文本文件 student_info. txt 中。

焦工:写入完毕后,我们还需设置全局变量 running_flag 为 0,该变量将在程序的入口函数 main 中控制 while 循环,通过结束 main 函数实现系统的退出。

```
void save_data_and_quit()
{
    int i;
    FILE * fp;
    fp = fopen("student_info.txt", "w");
    if (fp != NULL)
    {
        for (i = 0; i < student_num; i ++)
        {
            fprintf(fp, "%s %s %d %s %f %f %f \n",
            students[i].id, students[i].name, students[i].age, students[i].sex,
            students[i].scores[0], students[i].scores[1], students[i].scores[2]);
        }
        fclose(fp);
    }
    running_flag = 0;
    printf("已保存并退出系统！\n");
}
```

11.3.8 程序入口

严老师：因为已对各模块进行函数封装，程序的入口函数 main 代码较简洁，程序首先通过自定义函数 load_data 从文本文件 student_info. txt 中加载学生数据到数组 students 中。

焦工：通过全局变量 running_flag（初始值为1），不断显示菜单界面，让用户选择需要的功能模块进行操作，直到用户敲下数字键"6"退出系统。

```
int main()
{
    load_data();
    while (running_flag)
    {
        select_menu();
    }
    return 0;
}

void load_data()
{
    int i = 0;
    int result;
    FILE * fp;
    student_num = 0;
    fp = fopen("student_info.txt", "r");
    if (fp != NULL)
    {
        while (1)
```

```
    {
        result = fscanf(fp, "%s %s %d %s %f %f %f",
    students[i].id,students[i].name,&students[i].age,students[i].sex,
    &students[i].scores[0],&students[i].scores[1],&students[i].scores[2]);
        if (result == EOF)
        {
            break;
        }
        else
        {
            i ++;
            student_num ++;
        }
    }
    fclose(fp);
    }
}
```

11.4　运行测试

严老师:代码开发完毕后,我们即可运行测试,系统各步骤的运行效果如图 11.2 ~ 图 11.8 所示。

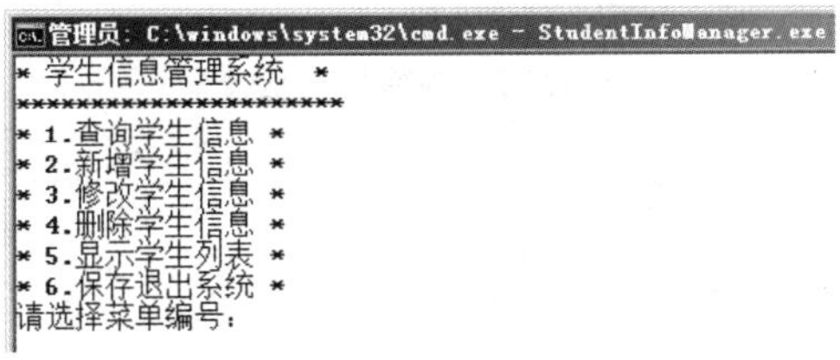

图 11.2　进入系统

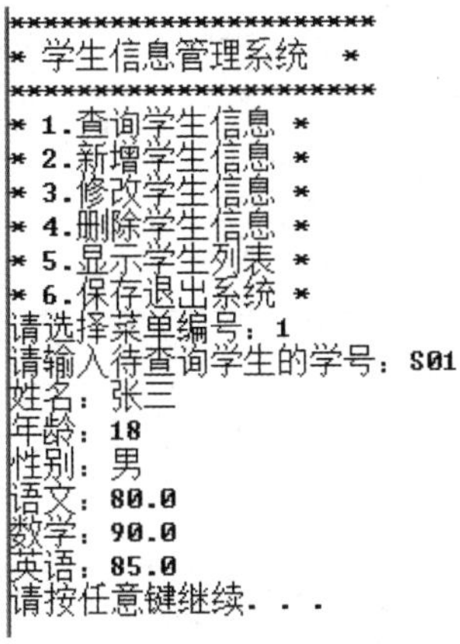

图 11.3　查询学生信息

```
*********************      *********************
* 学生信息管理系统  *      * 学生信息管理系统  *
*********************      *********************
* 1.查询学生信息 *        * 1.查询学生信息 *
* 2.新增学生信息 *        * 2.新增学生信息 *
* 3.修改学生信息 *        * 3.修改学生信息 *
* 4.删除学生信息 *        * 4.删除学生信息 *
* 5.显示学生列表 *        * 5.显示学生列表 *
* 6.保存退出系统 *        * 6.保存退出系统 *
请选择菜单编号：2         请选择菜单编号：3
请输入新增学生的学号：S02  请输入待修改学生的学号：S02
请输入姓名：李四          请输入姓名（李四）：李四
请输入年龄：19            请输入年龄（19）：20
请输入性别：男            请输入性别（男）：男
请输入语文成绩：91        请输入语文成绩（91.0）：90
请输入数学成绩：75        请输入数学成绩（75.0）：75
请输入英语成绩：78        请输入英语成绩（78.0）：78
新增学生信息完毕！        学生信息修改完毕！
请按任意键继续...        请按任意键继续...
```

图 11.4　新增学生信息　　　　图 11.5　修改学生信息

```
*********************
* 学生信息管理系统  *
*********************
* 1.查询学生信息 *
* 2.新增学生信息 *
* 3.修改学生信息 *
* 4.删除学生信息 *
* 5.显示学生列表 *
* 6.保存退出系统 *
请选择菜单编号：4
请输入待删除学生的学号：S02
删除成功！
请按任意键继续...
```

图 11.6　删除学生信息

```
*********************
* 学生信息管理系统  *
*********************
* 1.查询学生信息 *
* 2.新增学生信息 *
* 3.修改学生信息 *
* 4.删除学生信息 *
* 5.显示学生列表 *
* 6.保存退出系统 *
请选择菜单编号：5
共有2位学生的信息：
学号    姓名    年龄    性别    语文    数学    英语
------------------------------------------------------
S01     张三    18      男      80.0    90.0    85.0
S03     王五    19      男      50.0    60.0    55.0
请按任意键继续...
```

图 11.7　显示学生列表

```
*********************
* 学生信息管理系统  *
*********************
* 1.查询学生信息 *
* 2.新增学生信息 *
* 3.修改学生信息 *
* 4.删除学生信息 *
* 5.显示学生列表 *
* 6.保存退出系统 *
请选择菜单编号：6
已保存并退出系统！
```

图 11.8　保存并退出系统

11.5　案例总结

严老师:到目前为止,我们综合应用了之前所学的C语言基础知识,完成了一个基本可用的学生信息管理系统。经过需求分析、系统设计、编写代码、运行测试等步骤,一个完整的软件系统就诞生了。大家想想,在系统的功能和性能上,还有哪些可以优化或完善的?

小习:老师,查询学生信息时,只能通过学号检索,不太方便,我认为还应该增加通过姓名查询学生信息的功能。

小羽:老师,我们使用固定大小的结构体数组存储学生信息,学生数据较少时,浪费内存空间,我认为应该可以改造,通过指针实现结构体链表,有多少名学生,就存储多少个结构体,也能加快删除学生信息的速度。

焦工:软件系统的开发不是一蹴而就的,而是一个不断完善、不断优化的过程。希望大家要多看、多学、多想、多做,尽早成为一名合格的程序开发人员。

11.6　实训报告

严老师:请大家分组进行学生信息管理系统的开发,要求积极思考,勤于动手,不断丰富系统功能,提升软件性能,并参照如下实训报告。

小习:羽同学,我们在一组吧,一起头脑风暴,进行项目需求分析和系统设计。

小羽:好的,好的。让我们分工合作,携手开发一个好用的信息管理系统。

C 语言程序设计开发项目
实训报告

班级：

学号：

姓名：

项目名称	学生信息管理系统
需求分析	要求：列出系统需要提供的各项功能点。
系统设计	要求：1. 给出数据模型设计； 2. 划分主要功能模块。
模块设计	要求：针对各功能模块，绘制流程图。
核心代码	要求：给出核心代码，代码中需要包含必要的注释。
系统演示	要求：按操作流程步骤，给出系统演示截图。
项目总结	要求：1. 总结项目开发心得体会； 2. 提出后续代码优化思路。

参 考 文 献

[1]谭浩强,谭亦峰,金莹.C语言程序设计教程[M].北京:清华大学出版社,2020.

[2]王英明,张露露,蒋林,等.C语言程序设计[M].北京:清华大学出版社,2021.

[3]梅创社.C语言程序设计(第3版)[M].北京:北京理工大学出版社,2019.

[4]王艳娟.C语言程序设计项目化教程[M].北京:北京理工大学出版社,2020.

[5]高玉玲,王璇.C语言程序设计案例教程[M].北京:电子工业出版社,2016.

附录一　运算符优先级

优先级	运算符	名称或含义	使用形式	结合方向
1	[ ]	数组下标	数组名[常量表达式]	左到右
	( )	圆括号	(表达式)/函数名(形参表)	
	.	成员选择(对象)	对象.成员名	
	->	成员选择(指针)	对象指针 -> 成员名	
2	–	负号运算符	– 表达式	右到左
	~	按位取反运算符	~ 表达式	
	++	自增运算符	++ 变量名/变量名 ++	
	––	自减运算符	–– 变量名/变量名 ––	
	*	取值运算符	* 指针变量	
	&	取地址运算符	& 变量名	
	!	逻辑非运算符	!表达式	
	(类型)	强制类型转换	(数据类型)表达式	
	sizeof	长度运算符	sizeof(表达式)	
3	/	除	表达式/表达式	左到右
	*	乘	表达式 * 表达式	
	%	余数(取模)	整型表达式%整型表达式	
4	+	加	表达式 + 表达式	左到右
	–	减	表达式 – 表达式	
5	<<	左移	变量 << 表达式	左到右
	>>	右移	变量 >> 表达式	
6	>	大于	表达式 > 表达式	左到右
	>=	大于等于	表达式 >= 表达式	
	<	小于	表达式 < 表达式	
	<=	小于等于	表达式 <= 表达式	

续表

优先级	运算符	名称或含义	使用形式	结合方向
7	==	等于	表达式 == 表达式	左到右
	!=	不等于	表达式! = 表达式	
8	&	按位与	表达式 & 表达式	左到右
9	^	按位异或	表达式^表达式	左到右
10	|	按位或	表达式|表达式	左到右
11	&&	逻辑与	表达式 && 表达式	左到右
12	||	逻辑或	表达式||表达式	左到右
13	?:	条件运算符	表达式1? 表达式2：表达式3	右到左
14	=	赋值运算符	变量 = 表达式	右到左
	/=	除后赋值	变量/= 表达式	
	*=	乘后赋值	变量 *= 表达式	
	%=	取模后赋值	变量%= 表达式	
	+=	加后赋值	变量 += 表达式	
	-=	减后赋值	变量 -= 表达式	
	<<=	左移后赋值	变量 <<= 表达式	
	>>=	右移后赋值	变量 >>= 表达式	
	&=	按位与后赋值	变量 &= 表达式	
	^=	按位异或后赋值	变量^= 表达式	
	|=	按位或后赋值	变量|= 表达式	
15	,	逗号运算符	表达式,表达式,…	左到右

注意：

同一优先级的运算符,运算次序由结合方向决定。可以简记为! > 算术运算符 > 关系运算符 > && > \|\| > 赋值运算符。

附录二　ASCII 码表

十进制	八进制	十六进制	符号	十进制	八进制	十六进制	符号
0	0	0H	（NULL）	31	37	1FH	
1	1	1H		32	40	20H	空格符
2	2	2H		33	41	21H	!
3	3	3H		34	42	22H	"
4	4	4H		35	43	23H	#
5	5	5H		36	44	24H	$
6	6	6H		37	45	25H	%
7	7	7H	BEEP	38	46	26H	&
8	10	8H		39	47	27H	´
9	11	9H	´t´	40	50	28H	(
10	12	AH	´n´	41	51	29H	)
11	13	BH	´v´	42	52	2AH	*
12	14	CH	´f´	43	53	2BH	+
13	15	DH	´r´	44	54	2CH	,
14	16	EH		45	55	2DH	−
15	17	FH		46	56	2EH	.
16	20	10H		47	57	2FH	/
17	21	11H		48	60	30H	0
18	22	12H		49	61	31H	1
19	23	13H		50	62	32H	2
20	24	14H		51	63	33H	3
21	25	15		52	64	34H	4
22	26	16H		53	65	35H	5
23	27	17H		54	66	36H	6
24	30	18H		55	67	37H	7
25	31	19H		56	70	38H	8
26	32	1AH		57	71	39H	9
27	33	1BH	ESC	58	72	3AH	:
28	34	1CH		59	73	3BH	;
29	35	1DH		60	74	3CH	<
30	36	1EH		61	75	3DH	=

续表

十进制	八进制	十六进制	符号	十进制	八进制	十六进制	符号
62	76	3EH	>	95	137	5FH	_
63	77	3FH	?	96	140	60H	`
64	100	40H	@	97	141	61H	a
65	101	41H	A	98	142	62H	b
66	102	42H	B	99	143	63H	c
67	103	43H	C	100	144	64H	d
68	104	44H	D	101	145	65H	e
69	105	45H	E	102	146	66H	f
70	106	46H	F	103	147	67H	g
71	107	47H	G	104	150	68H	h
72	110	48H	H	105	151	69H	i
73	111	49H	I	106	152	6AH	j
74	112	4AH	J	107	153	6BH	k
75	113	4BH	K	108	154	6CH	l
76	114	4CH	L	109	155	6DH	m
77	115	4DH	M	110	156	6EH	n
78	116	4EH	N	111	157	6FH	o
79	117	4FH	O	112	160	70H	p
80	120	50H	P	113	161	71H	q
81	121	51H	Q	114	162	72H	r
82	122	52H	R	115	163	73H	s
83	123	53H	S	116	164	74H	t
84	124	54H	T	117	165	75H	u
85	125	55H	U	118	166	76H	v
86	126	56H	V	119	167	77H	w
87	127	57H	W	120	170	78H	x
88	130	58H	X	121	171	79H	y
89	131	59H	Y	122	172	7AH	z
90	132	5AH	Z	123	173	7BH	{
91	133	5BH	[	124	174	7CH		
92	134	5CH	\	125	175	7DH	}
93	135	5DH	]	126	176	7EH	~
94	136	5EH	^	127	177	7FH	

注意:常见 ASCII 码的大小规则:数字 < 大写字母 < 小写字母。

1. 数字比字母要小。如"6" < "A"。

2. 数字 0 比数字 9 要小,并按 0 ~ 9 顺序递增。如"3" < "5";

3. 字母 A 比字母 Z 要小,并按 A ~ Z 顺序递增。如"A" < "D";

4. 同个字母的大写字母比小写字母要小 32。如"A" < "a"。

几个常见字母的 ASCII 码大小:"A"为 65;"a"为 97;"0"为 48。